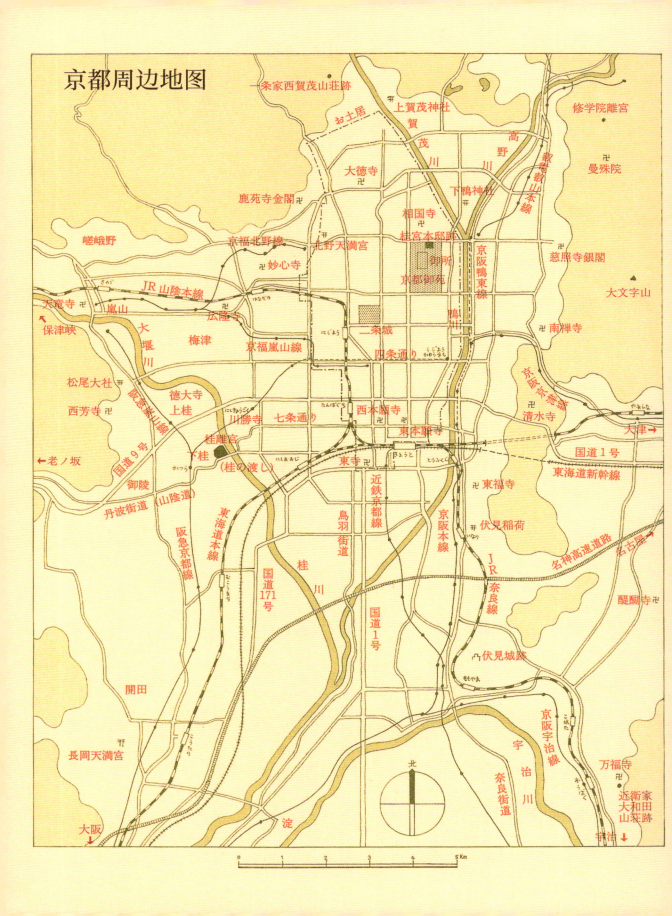

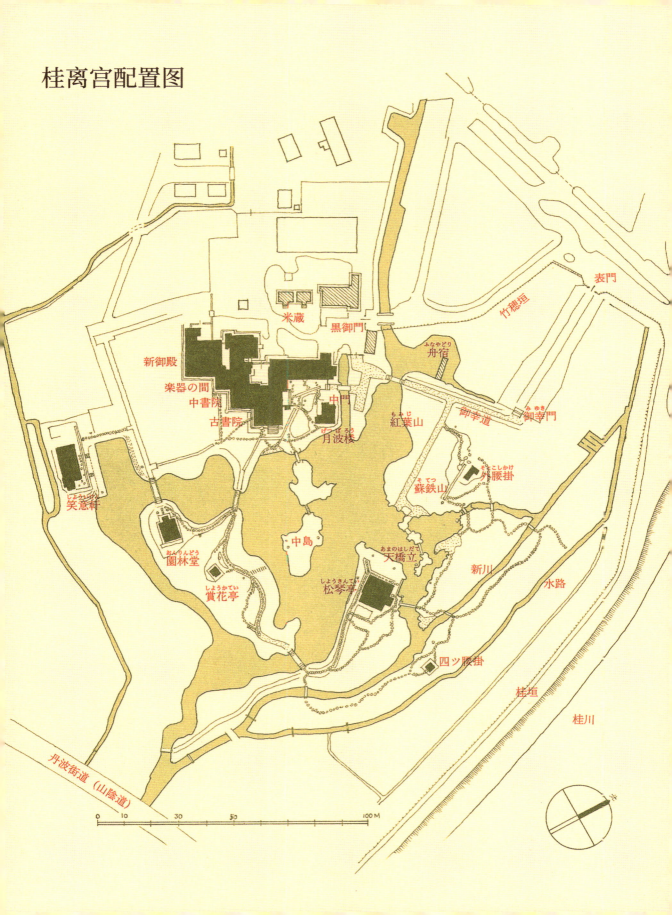

文
景
———
Horizon

社 科 新 知　文 艺 新 潮

日本营造之美 第一辑

桂离宫

日本建筑
美学的秘密

[日] 斋藤英俊 著
[日] 穗积和夫 绘
张雅梅 译

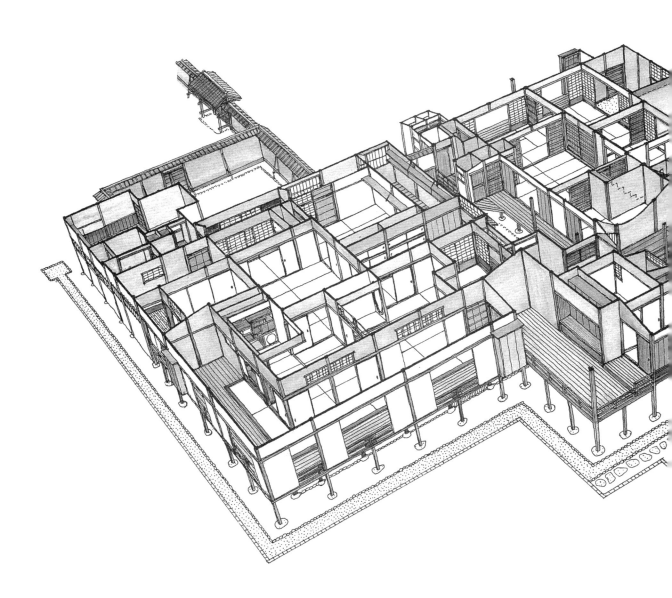

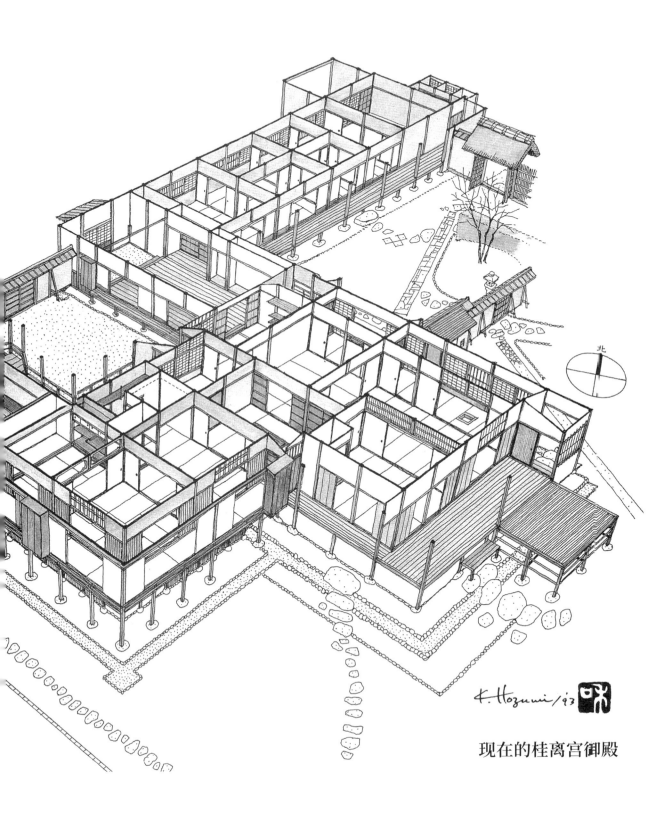

现在的桂离宫御殿

目 录

通往桂离宫的道路　6

桂川与桂离宫的关系　8

桂离宫的庭园与建筑　10

八条宫智仁亲王的成长背景　12

赏月的名胜——桂之地　14

寻访光源氏的桂殿　16

着手兴建书院　17

建筑平面图底定　18

尺寸计划的概略过程　20

木材的调度、制作与加工　22

为组件标示番付　24

上色过程　25

安置础石以便立柱　26

地板、屋檐、屋架结构的架设工程　28

组构山墙面、铺设屋顶　30

制作墙壁的骨架、抹上底层壁土　34

智仁亲王决定天花板的高度　35

定制唐纸和门窗设备　37

进行墙壁表层粉刷　41

首座建筑书院落成　42

畅游"瓜田里轻巧的茶屋"　44

荒废的桂别业　47

智忠亲王　48

决定增建御座之间　50

拆除书院部分结构，组装御座之间的

梁柱框架　52

仰仗智忠亲王的指示施作　54

由狩野三兄弟负责障壁画　56

第二期工程顺利完工　57

整顿庭园　61

后水尾上皇与修学院的山庄　62

上皇游访桂之地的约定　63

御幸御殿的营造计划　64

圆木材、面皮材的设计巧思

与技法　66

铭木的诞生　69

奉命变更御汤殿的设计　71

改造玄关和御座之间的部分

设施　74

御幸御殿精彩落成　76

智忠亲王辞世　82

后水尾上皇的出游计划　84

桂离宫的演变　87

桂离宫的评价　88

桂离宫庭园导览　89

解说：桂离宫御殿的

　　　构思与施工技法　114

后记之一　124

后记之二　125

通往桂离宫的道路

京都市是一个东、西、北三面环山的盆地，唯独在南方有个出口。这个盆地有两条大河经过：一条是由同出于东北方山谷的高野川和贺茂川，在下鸭神社一地汇流而成的鸭川，经过市区的东部往南流。

另一条是发源于西山北端陡峭的保津峡山谷、经岚山流出的大堰川，在京都市西郊外穿过西山山麓，往东南方下游流去，直到嵯峨、梅津和松尾一带水流才趋于和缓，川流迤逦，河面渐宽，最后改名为"桂川"，继续往南奔流。

桂离宫就矗立在这条桂川的西岸，也就是京都市西京区的桂御园。桂离宫位于京都中心的京都御所西南方直线距离大约 7 公里处；如果顺着道路走，则得走上 10 公里。

桂离宫在江户时代初期是属于八条宫（即后来的桂宫）亲王的别墅，人称"桂别业"或"桂山庄"。所谓"别业"就是别墅之意。到了明治时代，由于亲王后继无人，桂宫的名称只得交由宫内省（今宫内厅）决定，而主宅的房舍和财产以及别墅也一并交由宫内省管理。此后，这座建筑便正式命名为"桂离宫"，其庭园与建筑之美，如今已享誉国际。

现在，若想拜访桂离宫，可从京都车站搭巴士或出租车往西行，或是从四条河原町搭阪急电车前往。阪急电车经过西京极站后，很快就来到桂川的铁桥。从车窗眺望河川的两岸，但见绵延的农田零星分布着农舍。桂川蜿蜒及河水泛滥频仍造就了这一带平坦的土地。这块土地自古就由颇具势力的贵族和寺院掌控经营。

这样的田园风景中，在刚刚经过铁桥后的下游西岸地区，映入眼帘的是郁郁葱葱的森林。这就是桂离宫的森林。从阪急线桂站朝森林的东北方走，大约 15 分钟即可抵达桂离宫。

在江户时代，亲王家的人前来桂别业的路线却和现在大不相同。他们是经由七条大道往西延伸的丹波街道而来。丹波街道横跨桂川，穿越了西山的老之坂，来到龟冈；再往前走，就是连接通往山阴地区的道路。对近代京都的发展来说，这是一条十分重要的街道。

当时，如果从七条大宫经由七条大道往西

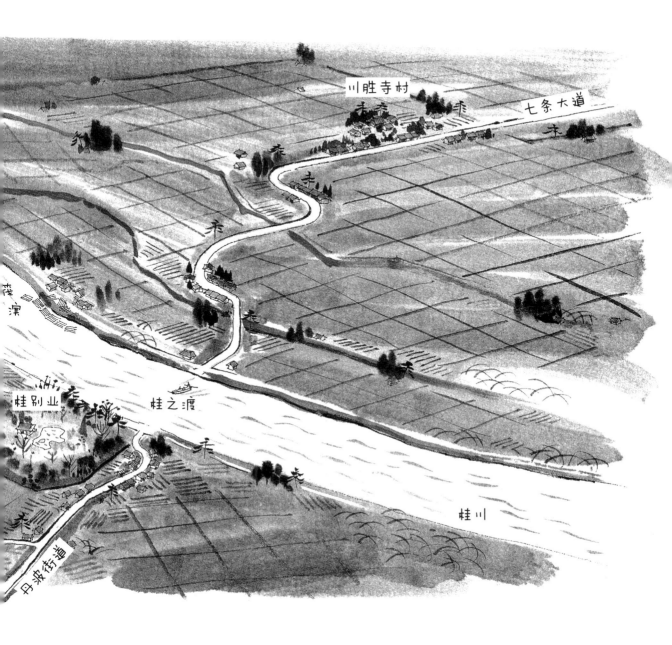

行，不久就会碰到由丰臣秀吉发起兴建、环绕在京都外围的一圈土垒。到了这儿，已是人烟稀少的农村地带，遍地尽是京菜田和蓼蓝田。再往西走，到了西京极一地，道路开始转向南方；循着沿路结满了甜瓜（香瓜）的S形田间弯曲道路走，便来到桂川边。由此处朝对岸较高处望去，即可见到桂离宫（桂别业）的身影。

如今，河川两岸均筑有高大的防波堤，并架设了桂大桥以供汽车往来通行。但是在当年，两岸还没有筑桥，只能靠"桂之渡"，也就是利用渡船行驶到对岸。而桂离宫就坐落于山阴道往京都的大门位置。

桂川与桂离宫的关系

在紧临"桂之渡"的桂川上游东岸,设有木材卸货场"桂筏滨",专门集结从丹波山地编成木筏随流而下的木材。此地因为有 11 家木材工厂而显得兴盛繁荣。另外,沿着桂川往南向下游走,会经过宇治川的汇流点"淀",之后通往尼崎;因此,这里有许多载满各种物资的小船往来穿梭,好不热闹。

桂离宫所在的位置当时被称为"下桂村",它与北边的德大寺村和桂川对岸的川胜寺村一样,皆属于八条宫亲王家的管辖范围。因此,桂之渡与桂筏滨的收益,有一部分须上缴八条宫亲王家作为领主的收入。换句话说,桂离宫的所在位置不仅是陆路和水路的要冲,对八条宫亲王家而言,更是统辖领地非常重要的地区。

今日由于交通发达,桂川的水运机能已逐渐衰退,另外,往山阴方面的国道设置在桂离宫西北方稍远的位置,使得这一带已不复昔日繁荣的样貌。

跨过桂大桥,往右转沿着堤岸道路走,左边即是桂离宫外围的竹篱,右边则是落差高达五六米深的河堤,下方有桂川流过。过去,河川的水位与道路间的落差并没有这么大,然而从明治时代开始实施的治水工程导致河床不断下陷,相对地河堤也越筑越高,于是形成了今日的状态。最后造成了桂离宫的池水不能再如以往般引自桂

川，只好另外凿井，再利用泵汲水注入池塘。

在桂离宫还是亲王家别墅的那段岁月，此地进行的游兴节目，不光是在庭园赏月或吟诗奏乐而已，还有一个重头戏，就是乘船游览桂川风光。为此，在桂离宫园内靠近桂川的地方设置了一座小型船坞，方便人们可以随时轻松地拖船入河。

不过现在桂离宫和桂川的关系已经完全被切断，世人也几乎忘记了当初桂离宫临河而建的目的。如今，桂离宫的周围已形成一片蓊郁的森林，周遭环境的变迁造成它遗世独立，仅剩内部景观维持着昔日的样貌。不过话虽如此，其实周围环境的变化多少还是会对园内造成影响。

根据桂离宫管理人员所流传下来的说法，昔日宫内的池水清澈见底，到处可见涌泉从池底的沙地冒出来，但是现在池底不仅不会冒出涌泉，甚至还会漏水。如果置之不理，平均一天水面大概会下降 5 厘米左右。这不但使得桂离宫的池塘成了一潭死水，池底还有落叶沉积腐烂，甚至滋生藻类！

尽管如此，管理者仍不可贸然进行打扫。一旦疏浚池底的淤泥，露出底部的沙质地表，就会造成竹篓般的效应，使得池水全部漏光。原因是此地的地下水位比过去低，而主要肇因，据判断应该是先前的治水工程造成桂川水面下降；再则，原本遍布在桂离宫四周的水田，也随着到处兴建住宅的趋势而逐渐缩减，这对水位下降也不无影响。

如今，想要恢复昔日那个清澄如镜的美丽池塘，已几近于不可能。桂离宫的例子告诉我们，对于这类与环境共生的文化遗产，想要恒久保持其原始状态，是多么困难的任务啊！

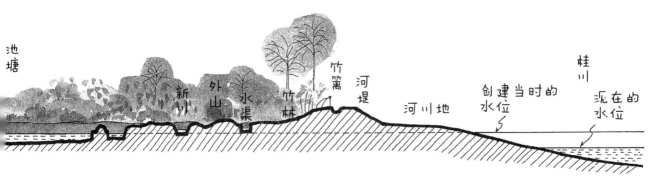

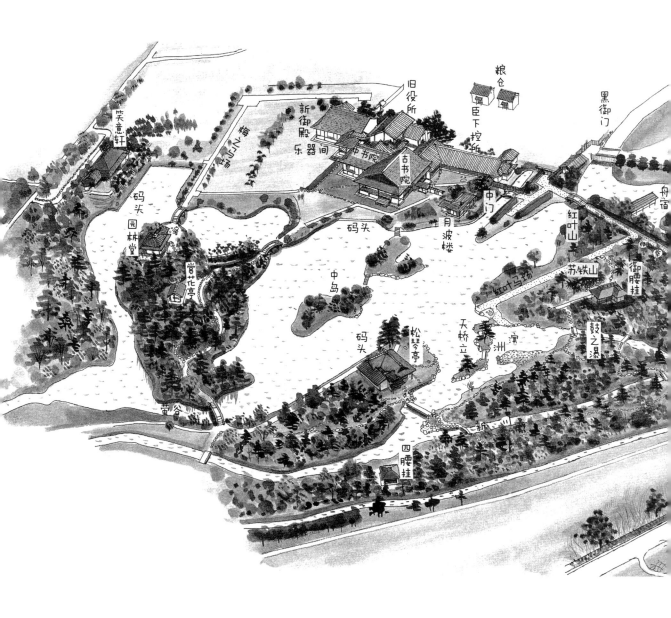

桂离宫的庭园与建筑

目前桂离宫的庭园面积约有 58 000 平方米,加上其外围为了防止环境遭受破坏而由政府出面收购的外围农地以及停车场用地等,大约有 11 500 平方米的土地,也隶属于桂离宫所有。

在环绕着竹林与杂木丛的庭园中央,有一个大池塘,它的形状曲折复杂,池中央还错落着三座面积不等的大小岛。池塘周边的地形高低起伏、变化不一,但是西边一带地势较为平坦,故主要的建筑物成群地坐落在这儿;由东往西依序是:古书院、中书院、乐器间、新御殿。这几栋建筑物接续

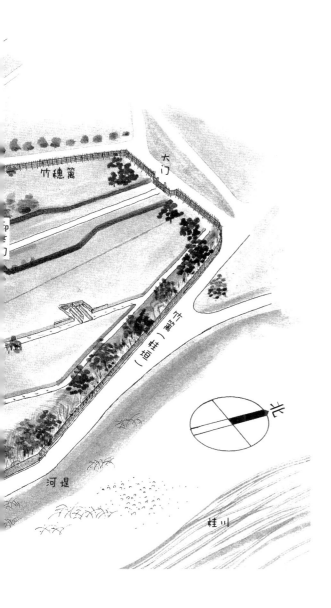

排列，背后则是一些附属设施，例如：旧役所[1]、御末所（侍女值班的地方）、臣下控所[2]、粮仓等。

池塘的四周分布着三间御茶屋（见117—119页），分别是位于古书院北方的月波楼、与之隔池相望于池塘东边的松琴亭以及坐落在庭园南端的笑意轩。另外，在南方那座较大的池中岛堆砌山丘，山顶还仿照岭上茶馆的形式盖了一座赏花亭。在赏花亭西边的山脚下设有一座佛堂，取名为"园林堂"。松琴亭向北，池塘水面深入陆地，造园者设计这片区域时巧妙地将象征海岸风光的天桥立[3]、洲滨等景色融入园景造型之中。位于其东边的庭园步道，成了前往松琴亭附设茶室的小径（被称为"露地"[4]）。在露地的北边，也就是步道入口的地方，矗立着一栋御腰挂（见94页）；南边的树林也有一栋四腰挂。这两栋建筑物都是品茗前供宾客静心等候的地方。

这些建筑物在桂离宫庭园内保持着适当的距离，巧妙地配置于各处。设计者利用假山与栽栽予以适当遮掩，让每栋建筑物不至于彼此对望。此外，环绕在池边用来连接建筑物的庭园步道，既有由形形色色的石头铺成的敷石道，也有飞石[5]、延段（将石头拼凑在一起的石板路）等不同形式。就连架设在池面的渡桥，也分石桥、土桥和木板桥等不同设计。在庭园步道的许多重点位置，设置了石灯笼或洗手钵，每个石器的造型均充满匠心独运的趣味。

---

1 办理领地内事务的公所。——译注（以下若无标记，则均为译注）
2 家臣的休息所。
3 用来串联水中陆地的拱桥。
4 意指茶室的院子。
5 彼此略具间隔的踏脚石。

八条宫智仁亲王

八条宫智仁亲王的成长背景

　　桂离宫的创始者乃八条宫家的第一代智仁亲王,但是将智仁亲王所兴建的这座别墅改造成接近今日我们所见面貌的,则是第二代的智忠亲王。智仁亲王和智忠亲王究竟是什么样的人?他们为何选在此地兴建别墅?且让我从头细说。

*

　　八条宫智仁亲王诞生于天正七年(1579)一月。当时在位的天皇为正亲町天皇,而智仁亲王是当时第一皇太子诚仁亲王的六子,乳名唤作胡佐麿。

　　胡佐麿出生的那个时代,正值日本战国时代结束、全国迈向统一的安土桃山时代。他出生那一年,织田信长的安土城完工,而强敌上杉谦信也在前一年死了。不过由于信长仍与中国地方的毛利辉元及大阪的石山本愿寺陷入激战,世局依然动荡不安。天正十年(1582)又发生本能寺之变,天下大权遂移转到丰臣秀吉的手中。

　　以皇太孙的身份出生在这样动乱的时代,胡佐麿的幼年和青少年期就和外界局势一般充满了曲折波澜。在他8岁的时候,原本准备继位的父亲诚仁亲王突然病逝，只好改由胡佐麿的哥哥和仁亲王（即后阳成天皇）接棒。两年后的天正十六年（1588），胡佐麿成了丰臣秀吉的养子。长年膝下无子的秀吉，将胡佐麿视为丰臣家的继承人，更计划把关白[1]的位子让给他。

岂料，翌年秀吉的侧室淀殿意外生下了鹤松，秀吉便毅然决然断绝了与胡佐麿的养父子关系。为了补偿他，秀吉特别赐予八条宫家的封号，并在皇宫的北方为他兴建一座宅邸。那是天正十八年（1590）的事，当时的胡佐麿只有12岁。八条宫家的知行[2]有三千石之多。而在当时，朝廷是一万石，而朝臣公卿当中官位最高的近卫家也不过一千石出头。相较之下，秀吉对这位年纪尚轻的宫家显然特别礼遇。

曾经一度成为丰臣秀吉的养子，之后又历经诸多事件，相信在这位亲王的幼小心灵中，已经烙下悲伤的阴影。

天正十九年（1591），就在胡佐麿开始承封"智仁亲王"这个称号时，年仅3岁的鹤松突然夭折。秀吉不得已认外甥秀次为养子，并在颓丧的心情下将关白的位子让与秀次。岂料，两年后的文禄二年（1593），淀殿再次为丰臣秀吉生下了一子，取名为拾丸，也就是后来的秀赖。此时，秀次和拾丸之间的关系，就如当年的胡佐麿与鹤松的关系一样微妙。果不其然，没过多久，秀次就遭到丰臣秀吉"企图谋反"的指责，并被命令

切腹自杀。秀次的妻子和30多名子嗣，也被带到三河原一地惨遭杀害。

三年后，智仁亲王再次遭遇到人生的另一重大打击，庆长三年（1598）十月，也就是丰臣秀吉逝世后的两个月，后阳成天皇突然萌生退意，计划由弟弟智仁亲王来继承皇位，因而引发纠纷。由于这项决定等于无视了原继承人后阳成天皇的长子良仁亲王的存在，于是在德川家康等一干内务大臣的反对下，临时踩了刹车。虽然这种事原本就很难成为现实，但归根究底，假如当初智仁亲王不曾做过丰臣秀吉的养子，说不定就可以顺利继位了。

在谈论智仁亲王这个人时，总免不了要提及这两件大事。一般认为，智仁亲王之后之所以会潜心研究古典艺术文学，并全心投入桂离宫的兴建工程，似乎和以上这些人生经历有着深刻的关系。

智仁亲王自幼便十分向学，从小跟随细川幽斋学习诗歌和古典文学。细川幽斋这个人可是大名鼎鼎，他不仅是当时一流的和歌诗人，也是一位茶道专家。在他的指导之下，亲王学习了《古今和歌集》及《源氏物语》等经典名著，因此成为宫廷贵族中通晓古典文学的翘楚。除此之外，无论是书、香还是茶道等各种专业知识，智仁亲王均展现出卓越的造诣，成为当时宫廷文化的代表人物。

1　辅佐天皇的摄政。
2　俸禄、粮饷之意。

赏月的名胜——桂之地

今夜みる月のかつらの紅葉ばの
色をばしらじ露もしぐれも

庆长十四年（1609）八月十五日，智仁亲王一边欣赏着中秋圆月，一边吟出这首和歌。字面的意思是："今夜我端详着明月，不禁好奇生长在月亮上的桂树，它的红叶究竟是什么样的颜色？恐怕就连露水或时雨也无从知晓吧。"但仅凭此，我们并不能了解智仁亲王想要表达的内涵是什么。

实际上，这首和歌似乎隐藏着更深的含义。它的另一层意思很可能是："以月亮闻名的桂之地，应该也沐浴着与此处同样的月光，照映着片片染红的秋叶吧？只是，没有人知道那秋叶究竟有多红。"最后提到的"没有人知道那秋天的桂叶究竟有多红"，到底指的是什么呢？在这首和歌的背后，让人感觉似乎隐藏着"任凭我（智仁亲王）如此寻寻觅觅，仍然是不明就里"的感想。那么，智仁亲王长期寻觅的究竟是什么呢？

桂离宫所在的桂川西岸一带，自古即被称为"桂"，并以赏月的名胜之地远近驰名，因此也留下了无数歌颂桂之月的和歌。在这些和歌当中所出现的桂之月，始终维持着没有半点乌云遮掩、皎洁明亮的满月形象。

自平安时代初期以来，桂之地一带向来就是贵族兴建别墅以及狩猎、度假的胜地。这些别墅中还包含了藤原道长的"桂家"。在道长的日记里，留下了曾经使用别墅的相关记载。

例如，在宽仁二年（1018）九月十六日，藤原道长曾偕同小一条院敦明亲王，带领殿上人[1]、家臣等一行人到京都郊外游览。他们

---

1 四、五品当中特别准许上殿的公卿及六品藏人。

首先来到嵯峨野饱览原野风光,接着乘船畅游大堰川,并在琴筝的伴奏下,吟咏着诗歌顺流而下。不久,船只便抵达桂家。在这儿,道长还安排了赏月活动,宾主尽欢地享受了骑马与吟诗作对的乐趣。

红叶狩[1]、吟诗歌、管弦乐、游船、赏月等,都是当时王公贵族的娱乐形式。此外,藤原道长拥有的这座别墅"桂家",据说还是名著《源氏物语·松风》中提及的光源氏别墅"桂殿"的原型。

光源氏有时候在桂殿一待就是一整天。他会到桂川利用鹈鹕捕鱼,设酒宴与殿上人等饮酒作乐;喝醉了就会到河边走走。等到月亮出来了,娱乐节目就正式展开,而在琴笙乐音与江风合奏的陪衬下,夜,逐渐地加深,月亮也爬上了枝头……

---

[1] 秋季的赏枫活动。

寻访光源氏的桂殿

藤原道长所持有的桂家以及其周边属于下桂地区的领土，几乎代代均由藤原家继承。历经六代之后，到了藤原忠通的时代（平安时代后期），仍有数篇歌颂桂别业的诗歌流传下来，不过，这座别墅的存在已渐渐为人们所淡忘。

室町时代，有一位朝廷公卿同时也身为一流学者，那就是一条兼良。他在其编撰的《源语秘诀》一书中讨论过光源氏的"桂殿"究竟在哪儿。由此可知，当时光源氏的别墅，也就是藤原道长所持有的桂别业，究竟在哪里似乎已经没人知道。

智仁亲王企图追求的是曾经作为《源氏物语》书中舞台的藤原道长别墅的遗迹，包含壬生忠岑、藤原定家等多位著名的和歌诗人在内，均歌颂过这块赏月的名胜之地——桂。无论对哪个朝代来说，桂之地都是王公贵族心目中的桃花源。而且，桂之地还是《源氏物语》故事的舞台。在当时若想成为一流的和歌诗人，则不可不谙《源氏物语》。尤其智仁亲王又曾接受相关指导，埋首研究过其中精髓，自然会对藤原道长这座别墅的所在感到兴趣万分。而可能的话，他更希望把这块地拿到手，由自己来尝试经营这座别墅。

可想而知，在这番强烈意念的驱使下，说不定智仁亲王果然找到了可能是道长别墅遗迹的地方，也就是今日桂离宫的所在地。

智仁亲王取得下桂村一带的土地，并倾注全力投入别墅的兴建工程，据分析是始于元和元年（1615）。

下桂村与其周边土地的权属，过去均由藤原家的长者代代相传继承，但不久之后就落入了近卫家之手。然而，在战国时代的动乱之中，这块土地又脱离了近卫家的掌握。到了元龟元年（1570），包括下桂在内的桂川西岸一带，成了细川幽斋支配的领地。天正十三年（1585）又变成织部官[1]古田重然和儿子重嗣的治地。由于古田父子在德川家康与丰臣秀吉势力交战的大阪之战时，曾暗中援助丰臣家，因而在庆长二十年（即元和元年，1615年）六月受德川势力所迫自杀谢罪。据分析，智仁亲王取得下桂村这块令他朝思暮想之地，正是古田父子被迫自杀的同一年。

1　织部司隶属于大藏省，是负责掌管锦缎丝绸等纺织品和印染布的官署。

着手兴建书院

如愿取得下桂一带的土地后,智仁亲王便马上展开别墅的兴建工程。

首先,他得重新整理荒芜一片的山庄土地。由于长年缺乏管理,遗迹现场杂草树木丛生,加上桂川经常泛滥成灾,洪水不断带来的泥沙几乎覆盖了所有地表,而地表还堆积了一层腐烂的落叶,几乎看不出昔日池塘的样貌。于是,亲王派人整理四处横倒的树木,割除杂草,并且捞除池底的淤泥。一个旧式庭园最终模糊出现在眼前。

在庭园的中央,有一个呈南北走向的长形池塘。根据判断,这个池塘应该是利用蜿蜒的桂川所遗留下来的旧河道修建而成的。这块从池中央往西边延伸的区域有沙洲的痕迹。沿着池畔,尤其是在池中岛的四周,以人工方式摆放了许多的大小石头。当淤泥彻底疏通之后,池底的沙质地露出,到处都有水从地下喷涌而出。

池塘的西边是一片平地,推测这里过去应该建有庭园主要的建筑物——御殿。而池塘的东边与桂川之间,则筑有一座高3米的土垒。

在庭园整理出大致的样貌后,智仁亲王便决定先着手兴建一栋简易的书院。考虑到地形,书院的位置选在池塘西岸。当然,从这里望去,东山升起的月亮与映照在池面上的月影相映成趣,因此池塘西岸自然是最佳地点。

另外,还要考虑桂川河水泛滥这个因素。询问附近的农夫来了解过去洪水暴发时水面曾经上涨到多高,同时根据树干等残留下来的水渍来判定岸边土垒所需要修筑的高度。即使是面对着池塘、拥有最佳地理位置的西边平地,已经算是地势最高的地方了,但光是如此,仍无法抵挡洪水来时大水淹过建筑物地板的窘况。因此,还堆起50厘米的泥土基座,试图将书院的地板架高。

建筑平面图底定

在听过智仁亲王的想法之后，木匠工头便开始着手绘制平面图。平面图听起来似乎很复杂，实际上，当时要决定一栋建筑物的形态，只消一张平面图即可搞定。无论是地板还是天花板的装修材料、门窗种类、屋顶形式、屋顶材料等，只要在图上加几句文字说明即可。

桂离宫的平面图其实很简单：建筑物的轮廓与内部隔间，均采单一线条描绘；至于柱子的落点，则盖上方形或圆形的印记来表示（见右图）。

经过几次的讨论修正，最早兴建的那座书院的形态得以确定，也就是现在所指的古书院。当然，这里并不是一开始就被叫作古书院，据判断，可能是在新御殿盖好之后[1]，才以之命名的。

书院共有大小五间房间。东侧与南侧分别有一间宽和半间宽的走廊。位于东南方、采光最佳的主要房间一之间，有十叠榻榻米大。其北方紧临的二之间，为一长方形房间而西南隅凸出约一叠大小空间，共有十五叠大。

在二之间的北方设有缘座敷[2]，在它的中央地板下镶有方形火炉。紧临二之间西侧的空间成了玄关之间，玄关之间的设计十分简约，由一通风的土间加上玄关的平台构成。在它的南侧设有一间十叠大的房间。

在一之间的西侧，是四叠半大小的"茶汤所"。这里是主人身边亲信和侍女等候听命的地方，摆设着盛放茶具的托盘架，方便下人在此泡茶，然后送往一之间或二之间的亲王及宾客面前。在茶汤所的西侧，有一间十叠大、附设地炉的烧火之间。这里同样是亲信和侍女等候听命的地方，以便随时为主人提供各种服务。

在烧火之间的北侧，有个与东侧宽廊同样呈开放式的木地板空间，内部装设着搁板、地炉及炉灶。在烧火之间的西侧则向外凸出一块由竹板所铺成的走廊，用来摆放贮水槽并作为洗涤的场所。另外，其南侧分别是御上场（沐浴更衣处）、御汤殿（澡堂）和御雪隐（厕所）等附属设施。

经过这一番格局配置，由于书院配备了烹调简单餐点的空间及澡堂，所以亲王邀请三五好友在此住上几天也不成问题。

---

1 新御殿是在宽文三年（1663）完竣，较书院晚了近五十年。
2 在房间和檐廊之间铺有榻榻米的走道，通常宽度约一间。

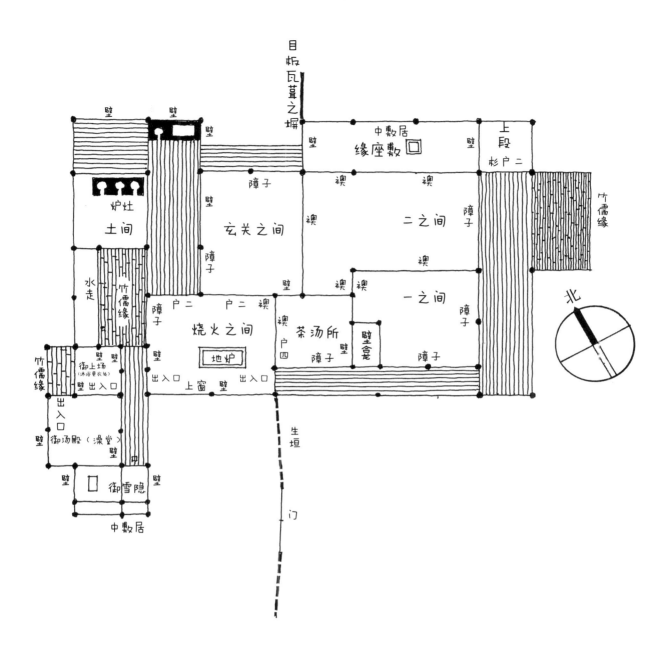

其配置格局有：
一之间、二之间、玄关之间、茶汤所、烧火之间、缘座敷、御汤殿、御上场、土间（地板是夯土泥地的房间）、壁龛（日本称为御床，即现在的床之间）、竹儒缘（凸出在雨户外边的檐下竹廊）、襖（隔屏）、障子（纸拉门）、杉户（杉木门）、墙壁、窗、中敷居（鸭居与敷居之间加设的一道双面沟槽轨道木条）、上段（楼梯）、出入口、水走（洗涤场）、炉灶、御雪隐（厕所）、目板瓦葺之塀（巨板瓦顶围墙，目板瓦顶指在瓦片重叠处安装类似压缝板条的板瓦）、生垣（树篱）

尺寸计划的概略过程

书院平面图的尺寸，采用以六尺三寸（约191厘米）榻榻米为基准的内法制，而柱子则统一使用四寸（约12厘米）宽的角柱。以当时的贵族宅邸来说，这算是通用的尺寸。

到底什么是"六尺三寸榻榻米的内法制"？以下让我们针对决定建筑中柱间尺寸的真真制与内法制来说明：

所谓真真制，是指将主要柱子的"真"（柱子的中心），摆在方格纸上的交叉点位置的建筑方法。在室町时代末期以前，日本的住宅都是采用这种方法来兴建的。不过，随着建筑物内部隔间越来越复杂，加上流行在每个房间都铺上榻榻米，原本的设计方法就渐渐变得不适用。主要是因为随着房间大小与形态的变化，传统的榻榻米开始出现不同的规格，甚至长宽的比例也不再谨守二比一的原则。

为了化解设计方法的不合时宜，以榻榻米尺寸的基准来决定柱间的方法，内法制应运而生。内法制的优点不仅在于将榻榻米的尺寸固定下来，包括鸭居和敷居[1]一类的细部木作，以及门窗的宽幅尺寸等，也都能轻易被计算出来。但另一方面，由于这种方法设计出来的柱间尺寸并不固定，使得建筑物的平面尺寸相对复杂，因此，要计算出如桁和梁这类结构组件的精确尺寸并不容易。所以，内法制也不是全然没有缺点。

16世纪末期，日本开始使用内制法来设计建筑物；到了17世纪，内法制就成为通用的方法。不过，尽管内法制在近畿一带的民家十分普及，但在关东、东北地区仍不太通行。即使是兴建贵族的宅邸，只要碰到多座建筑物同时兴建，例如京都御所与江户城，那么，木匠师傅通常会选择采用效率较高的真真制来进行。

真真制和内法制的柱间设计差异，且以桂别业的书院为例来探讨：

右上图所显示的是，以内法制来设计书院的东南方一角。而今日桂离宫的古书院，也确实是利用此法建造的。另外，右下图则代表着将同样的地点改用真真制的设计结果。这两张图的榻榻米尺寸及柱子位置有何不同之处？首先我们来看利用内法制所绘制的这张图：榻榻米的长度为6尺3寸，宽度则为长度的一半，也就是3尺1寸5分，而柱子的宽度则统一设定为4寸。若是按照这套规则来设计一之间，其二间（即两个榻榻米的长边）的柱间隔为：

$6.3 \times 2 + 0.4 \times 1/2 + 0.4 \times 1/2 = 13$（尺）

若是在二间的正中央立柱，柱间就变成原有的一半，也就是6尺5寸。另外，位于一之间西侧的茶汤所是个四叠半榻榻米大的房间。因此，它的单边长度应该为：

$6.3 + 3.15 + 0.4 \times 1/2 + 0.4 \times 1/2 = 9.85$（尺）

但是若以先前所推断的6.5尺的一半3.25尺为基准尺寸，它的3倍应该是9.75尺，比茶汤所的实际柱间短少了1寸。由于东侧的宽廊也是以榻榻米尺寸为基准而设计，因此它的柱间变成了6.7尺。另外，南侧的走廊则是利用茶汤所与位于它西方的烧火之间的柱间差距来决定尺寸的，于是成了这样的结果：

$13.0 - 9.85 = 3.15$（尺）

就连一之间内壁龛的柱间，也维持同样的3.15尺。换句话说，走廊和壁龛的柱间已偏离了标准的3.25尺，就算画了3.25尺的方格，还是

---

1 鸭居和敷居是日式拉门的横木，设有凹槽作为滑轨。上方横木称为鸭居，下方横木称为敷居。——编者注

内法制

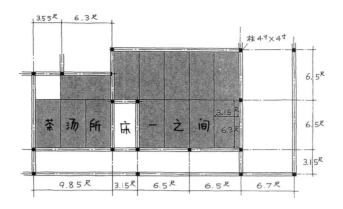

真真制

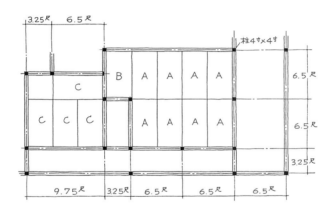

1尺约为30.3厘米、1寸约为3.03厘米

有许多柱子未能正确地落在方格上。

接着，我们再来看看以真真制所描绘的上图：为了便于与上方的内法制比较，特别将柱间设定为6.5尺，柱子的宽幅则设定为4寸。不用说，所有的柱子都安排在3.25尺的方格交叉点上。若是仔细观察这张真真制图的榻榻米尺寸，会发现一之间标示为A的榻榻米就和上图一样，都是长6.3尺、宽3.15尺的规格；而标示为B的榻榻米，则为长6.1尺、宽3.25尺的规格，比A的长度短了2寸，宽度则多了1寸。至于茶汤所标示为C的榻榻米，其实际的宽度计算方法为：

（9.75-0.4）÷3=3.1166……（尺）

由此可以算出C的榻榻米长度为6.2333……（尺）。于是，茶汤所的榻榻米便和一之间的A或B尺寸都不尽相同。

如同以上的说明，采用真真制来设计建筑物，虽可确保柱子都能落在基准尺寸的方格上，却会造成榻榻米的规格得因应房间大小而变动。

21

木材的调度、制作与加工

在书院的建筑预定地，工人作业用的窝棚已经架设起来，就连所需的木材也都运抵现场。说到木材，几乎全都由桂筏滨的木材行提供，以作为对八条宫家的进贡。这些木材来自丹波山地的深山，经由捆绑成筏，顺着保津川往下游运送，到了桂地再一一卸货上岸。

书院采用的木材是松木与杉木。例如柱子、桁、梁、鸭居、敷居、垂木、天井回缘、竿缘（见36页）等部位的角材，使用的皆为松木；走廊的地板、腰板（安装在墙面或纸拉门下部的木板）、天花板一类的板材，则选用杉木。而楼板架构及屋架，则选用松木来制作。

柱子和竿缘等部位的木材，过去被误以为是铁杉，后由专家使用显微镜对其木材组织进行鉴定，发现原来是松木。由于书院选用的是质量上

桂筏滨

等的松木，以致让人误会是铁杉。就连长年从事古迹维护工作、经验老到的木匠师傅，在乍闻那是松木后都感到不可置信。一般人总以为桂离宫使用的是较粗糙的木材，其实这是错误的印象。

大多数木材在运抵工地现场之前，均已由工人以斧头或手斧加工成宽七八寸（21—24厘米）的方形木头。到了现场，再用锯子切割成二等份、四等份或是更小的木材。

鸭居或化妆垂木这类暴露在外的组件，都使用切割木材最好的部位。至于剩下的木材，则多半用在小屋束、母屋、野垂木[1]（见28—29页）等隐藏在结构内部的组件上。其目的一来是将材料最好的部位保留给装饰性木材，二来也是为了物尽其用，避免尺寸不一的原料浪费了。不过最关键的便是尽可能减少锯木头的工作。现在的木工都是用电锯来切割木头，备料并不是那么繁重的工作了。但是在过去那个事事仰赖人工制作木材组件的时代，锯木头几乎占去现场大部分的劳动力，光是专职锯木头的"木挽"，必要的人数就占全体木工团队的两成。也就是说，如果全体木工总共有100人，其中就必须有20名是木挽。

当各个部位的组件全都切割好之后，便得用枪刨或台刨来刨制装饰用的木材，以求表面的光滑平整。接着，再以墨笔标示仕口（为了组合构件，将木材凿刻出榫孔或榫头）的位置及大小，并用凿子来刻凿。

---

[1] 垂木即中国建筑中的椽子。日本将暴露在外使人能够看见的垂木称为"化妆垂木"（中国称露明椽子），将隐藏在结构里不需要精细刨平的垂木称为"野垂木"（中国称草架椽子）。——编者注

为组件标示番付

加工好的木材组件,便以墨笔在上头标记番付。所谓的番付,指的是用数字或"い""ろ""は"的日文假名来表示该组件在建筑物的部位。

在组件标示番付之前,木匠师傅会遵循特定的原则来确定立柱位置的先后,并且将简单的番付绘制在平面图上。木工再依照番付图的标示,在加工好的组件上标记应有的符号。

在书院的柱子上,标示番付的位置有两处,分别在柱子底端的侧面以及上端接合的地方(榫头根部的平面位置)。至于桁的番付标示位置,是在接近柱子榫孔的上方面。除了番付之外,同时还得注明组件的方位,例如东面、西方等。

桁上方的梁、小屋束、母屋(见28—29页)一类组件的标记,则有别于上述方法,另编一套小屋番付,据此决定小屋束的所在位置。由于建筑物的大柱和小屋束的放置位置不同,因此必须划分成上、下两套番付标示的系统来运作。

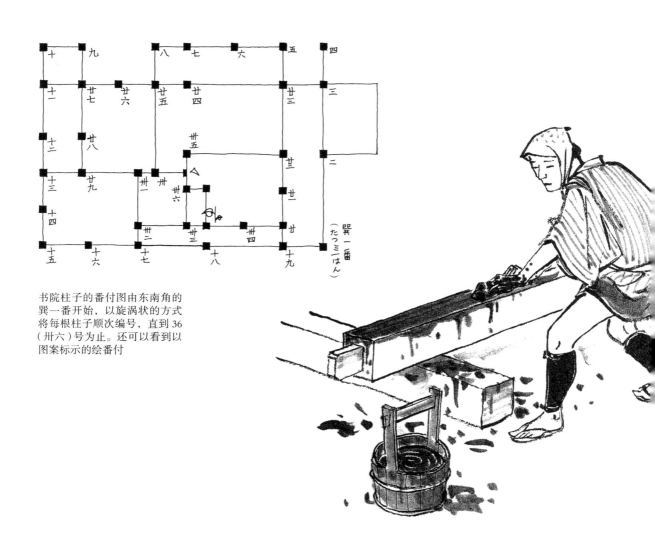

书院柱子的番付图由东南角的巽一番开始,以旋涡状的方式将每根柱子顺次编号,直到36(卅六)号为止。还可以看到以图案标示的绘番付

上色过程

完成了番付的步骤后，接下来便是为各个组件上色。首先，将布浸泡在浓稠的黑色液体中，然后用浸泡过的布，在加工完成的柱子或鸭居等组件表面来回涂抹，直到颜色充分均匀。原本经过刨削而露出白色木质的组件，这下子就像染上墨汁般变成全黑。不仅是表面装饰材料，连地板架和屋架组件也全都染上同样的颜色。这种黑色液体是将松烟溶入苏籽油（从植物白苏的种子中所榨取的油）一类的油品中，再掺进铁丹或黄土等颜料调和而成的。

一般以桧木搭建而成的正规书院，并不采用此种上色方法，不过在民宅或茶室这类以松木或杉木盖成的建筑中，倒是十分常见。可是，好不容易将木头刨出美丽的纹理来，何苦又将它涂成黑色呢？

一般来说，木材的纹理除了有白木材[1]和红芯材[2]的区别外，偶尔也会出现类似深灰色的斑点。此外，刚刨光加工好的木材表面，若是沾上工匠手上的油垢，该部位过不了多久也会变黑。预防天然的斑点或是人为污染的发生，便是为木头上色的目的之一。

另外，涂上颜色的木头表面，若是以布或米糠袋来磨亮，将有助于使木纹更清晰凸显。想要充分欣赏到松木、杉木多变化的纹理，上色可说是非常好的一种做法。

可是除了将眼睛看得到的部分上色之外，就连基础结构的组件也全上了色，可见其目的就不只是上述表面的效果而已，这么做或许有助于达到防虫蛀及防腐的效果吧。因为木材表面只要经过火烤或者用烟熏黑，不但不容易腐朽，就连虫也不敢靠近。这种效果和上墨色没什么两样。

在正式迈入组装的阶段前，必须先将地板、屋檐、屋架组件等大部分材料的加工及上色步骤加以完成。原因是一旦组装工作展开，就得在几天内一鼓作气把整个屋顶铺装好，为的是避免组装好的木材受到雨淋。

---

1 靠近树皮的白色木质部，又称边材。
2 靠近木材髓心颜色较深的部分。

安置础石以便立柱

在木材组件尚在进行加工的过程中，工地现场开始构筑地盘，并依据放样的基线[1]确定立柱的位置。柱的位置必须安放础石，础石是直径40—50厘米左右的天然石。首先，在地盘表面挖出洞来；接着在洞的底部铺上圆砾石，上面再铺放黏土，然后将础石放上去，由上向下施压使其固定。

1　日文为遣り形，架在建地上用来标示柱子、墙壁等位置以及作为高度基准的水线。

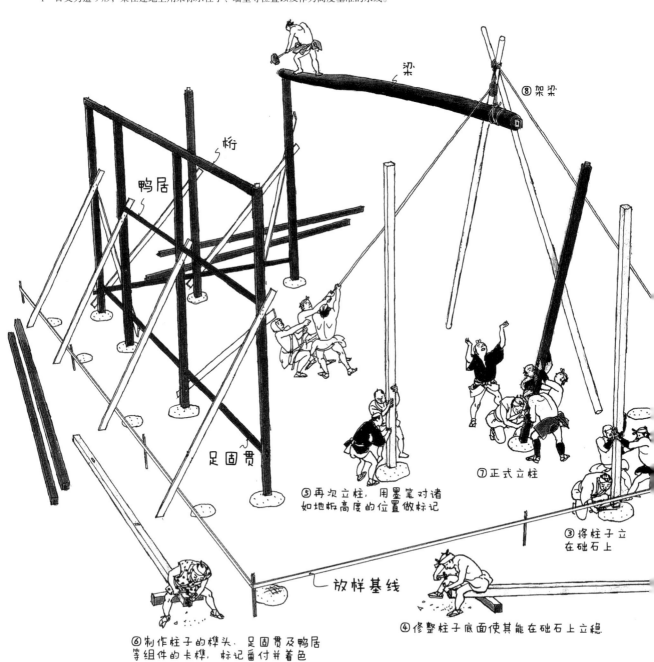

由于础石的表面会有些许凹凸不平，为了固定上方的柱子，柱子底部必须配合石头表面的凹凸来修整，这个流程日文叫作光付。光付的作业并不简单。既然如此，为何不直接使用表面平坦的天然石或人工切石以省略此项繁复作业，反而特别挑这种表面凹凸不平的石头作为础石呢？其实这是为了防止建筑物在遭受地震或强风时，柱子的位置发生偏移而采取的措施。

现代建筑物的做法则是在台基的上方架设土台，然后将柱子固定在土台上。这么做不仅可以省略光付的步骤，也不用担心柱子会有偏移的问题。不过，正因为柱子和台基都已牢牢地固定，一旦发生地震，震动就会直接传导到整栋建筑物，反而容易造成建筑物的损毁。

相对地，使用天然石作为础石的建筑物，在地震发生的瞬间，柱子虽然会稍微移动，但是不久就会回到原来的位置。这种做法还有一个好处，那就是结构的轻微晃动有助于吸收地震震动的能量，使建筑物不至于受到太大的影响。

接下来的工程便是按照各组件的番付，依序进行立柱、设足固贯、装鸭居、以桁串联柱子的顶部、架梁等步骤，如此便完成了立柱的组装工程。通常在讲究的豪华宅邸，鸭居的上方必定有一块长押[1]，但是桂离宫这类不拘泥于形式的别墅建筑，通常不会装设长押。就连一般建筑物惯有隐藏在鸭居上方土墙中的内法贯[2]，桂离宫的书院也将它省略了。取而代之的，是将鸭居的两端直接做成榫头的形式，变成可以插进柱子里的长榫，再利用鼻栓或蚂蝗钉将其固定在柱子上。

---

1 鸭居上方两柱间的雕刻桥木。
2 中心贯木。

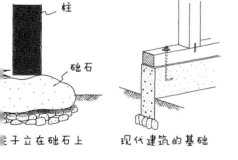

柱子立在础石上　　现代建筑的基础

①填入圆砾石
罢放础石

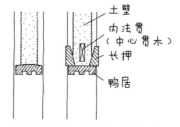

桂离宫书院的建造法如左图，既没有装设长押，也没有使用内法贯来加强固定

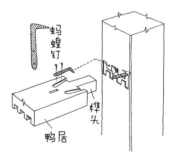

先将蚂蝗钉敲进凹槽，插入鸭居后，再于上方用钉子予以固定

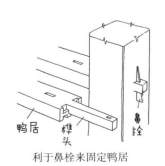

利于鼻栓来固定鸭居

地板、屋檐、屋架结构的架设工程

当房子的立柱工程完成后，地板及屋架的架设便开始了。不过在此之前，要先完成搭建屋檐的工作，包括架设化妆隅木[1]，将化妆垂木钉在桁上，排列广木舞及化妆木舞[2]之后，上方再铺上花柏木制成的长粉板（切割成两三毫米薄的木板）。

接着，将小屋束、小屋贯、母屋和栋木[3]一一组合，钉上铺底的野垂木，房子的屋顶便成形了。书院的屋顶呈微微向上鼓起的形式。日本传统建筑物的屋顶，无论是寺院、神社、城郭，还是贵族、将军、大名的宅邸，均盖成起翘式屋顶的形式。屋顶向上翘，屋脊就会相对升高，使得屋檐看起来比较深。因此，对于想要强调位高权重的建筑物来说，这种建筑技法可让屋顶看起来比较大，呈现威风凛凛的外观。反过来说，假如把屋顶盖成外鼓的形式，则会让屋顶看起来比较小，感觉也比较朴实而具亲和力。这种技法多半应用在茶室或别墅建筑。

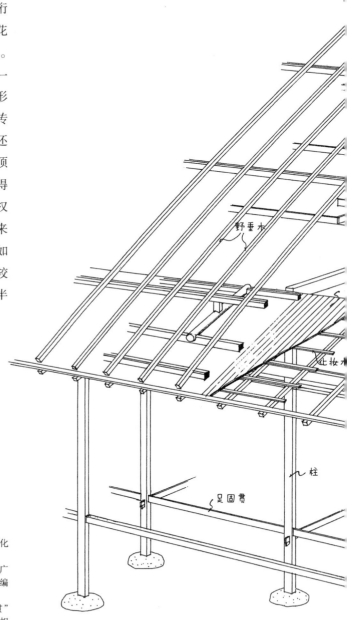

---

1 隅木即中国建筑中的角梁，暴露在外使人可以看到的称为"化妆隅木"，隐藏在结构里的称为"野隅木"。——编者注
2 木舞是横架在垂木上的细木条。屋檐最前端的长木舞称为"广木舞"，暴露在外使人可以看到的称为"化妆木舞"。——编者注
3 屋顶内部的屋架结构被称为"小屋组"，"束"为短柱，"贯"为贯穿柱或束的横木。日本建筑中母屋有两个含义，一是指相对于"廊""庇"等外围结构的中心部分，二是指屋顶木骨结构中与栋木和屋檐平行、承托垂木的横木，又称"母屋桁"。此处指后者。差母屋是指从墙面伸出、可被人看到的横木，因此又称"化妆母屋桁"。栋木是位于屋顶木骨结构顶部的横木。——编者注

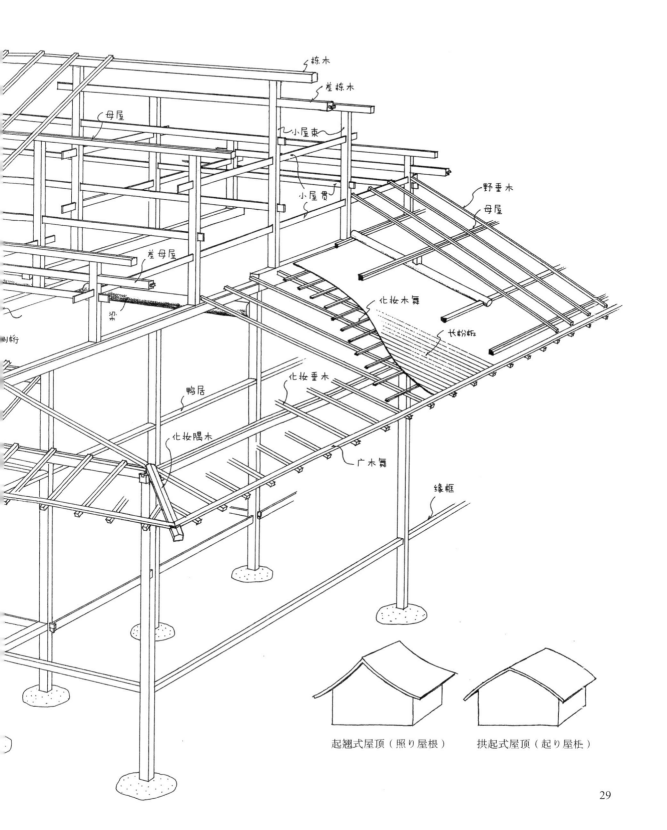

起翘式屋顶（照り屋根）　　拱起式屋顶（起り屋栋）

29

组构山墙面、铺设屋顶

屋架组装完成后，接下来便准备铺设屋顶。首先，在野垂木上面以一定间距排放挂瓦条，然后用钉子固定住。这主要是作为铺设屋顶薄板的底层框架。

当屋顶底层的工作完成后，将破风板（如双手合掌呈人字形的饰板）安装在屋顶侧面的山墙。如图所示，破风板有来自三方的支撑，包括差栋木和南北各一处的差母屋。在两片破风板的接缝处（顶部合掌处），内侧还有防止破风板裂开的加强措施。

在破风板的下方，另安装悬鱼饰板。悬鱼的花样繁多，桂离宫的书院采用的则是最简单的"切悬鱼"形式，也就是在悬鱼的中心安装了六叶、菊座和樽口等装饰，表面还贴饰金箔。就整体外观而言，金箔所占的比例虽然相当小，但却使得山墙华丽又醒目，达到画龙点睛的效果。

木工完成山墙面的组装之后，便由专职制作屋顶的工匠出马。其实，当木工团队忙着制作构件和立柱时，制作屋顶的工匠也没闲着，他们每天都在制作铺设屋顶的材料。轮到他们正式上场后，在铺屋顶薄板之前，得先用厚木板做出轩付[1]的效果。所谓轩付，是指特别将檐端加厚，使外观看起来更气派的工程。首先，在广木舞的上面钉一排里板，再于里板上方堆叠大约 10 片的轩付板。轩付板的后端必须稍薄一些，以便中间嵌入一种名为押缘的细材。这么做的目的，一来可以使轩付板的表面贴合得更紧密，二来是利用密合板材间的毛细管原理，不使雨水往内侧流，避免木板太快腐朽。轩付板叠好之后，就可以用刨刀将表面修整平滑。

至于铺设屋顶用的薄板，选用的是手工切割的花柏木或杉木的板材，统称为柿板。今日建筑物所使用的柿板厚度只有三四毫米，根据考据，当年桂离宫的柿板应该比现在略厚。施工时必须将薄板的前端排列整齐，再用竹钉固定位置。接着，由下往上依次错开一点儿距离（现代的作业标准为间隔八分，也就是大约 2.4 厘米），将薄板以重叠的方式铺设上去。由于柿板是纯手工制作的，边缘不似利刃切割来得平整，表面也没有经过刨削，因此呈现出凹凸不平的状态。所以即使将柿板重叠，也不见得每一片都能够完全贴合，会产生许多缝隙。缝隙的好处是可以防止因为柿板密合时的毛细管作用而造成的雨水渗透。而且，柿板间的缝隙还有助于屋架内的通风，有助于建筑物长久保存。相反地，若以铜板或铁板这类密不通风的材料来覆盖屋顶，将导致房子内部闷热不已，不仅容易滋生白蚁和蠹虫，木材也会比较快腐烂，对建筑物整体而言可说有害无益。这就是为什么要在屋顶底层以间隔方式架设一层横木，而不采取直接用木板将屋顶铺满的原因。

铺设屋顶的工匠动作之快，简直到了神乎其技的地步！他们能在极短时间内完成钉柿板的工作。他们通常先将一堆竹钉含在口中，然后依需要一根根吐出来。当你看见他右手上的锤子正往下敲打，耳际同时传来"咚咚"的轻快节奏时，下一个瞬间他已经吐出另外一根竹钉开始敲打固定了。

工匠之所以使用竹钉是有原因的。从前完全仰赖人力制作的铁钉，非常珍贵而且价格高昂，因此遇到像铺设柿板这类需要大量钉子的作业，自然不可能使用铁钉。不过即使到了今天，铁钉已经可以由机器量产，价格也便宜，但工人还是习惯使用竹钉。原因是铁钉既容易生锈又会膨胀，到头来不是撑破了柿板就是铁锈弄脏了柿板，而使用竹钉可以避免这些麻烦。

1　封檐之意。

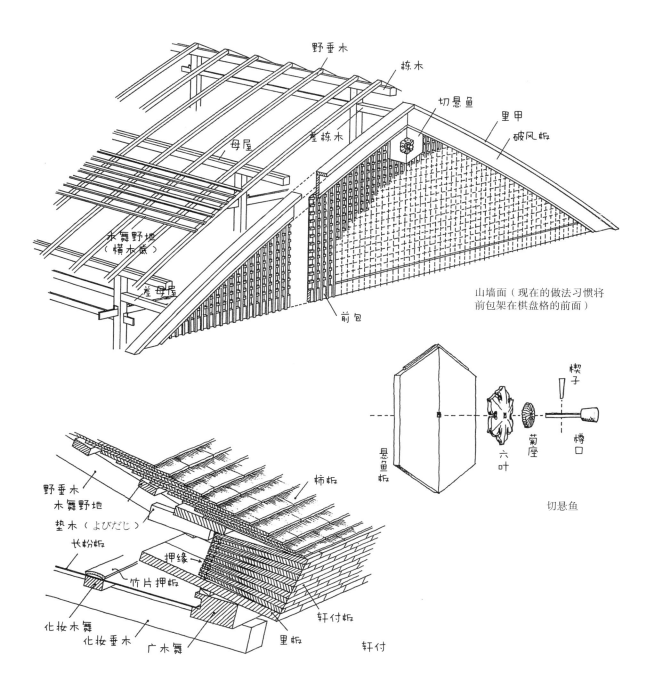

为了在屋顶的转角以及箕甲[1]（见33页）表现优美的曲线，必须采用特殊形状的柿板。在所有的柿板铺设完成后，再在屋脊的部位压上品轩，放置鬼瓦，并将一片片的屋脊瓦排列上去，书院的屋顶便大功告成了。

---

1 箕甲：在切妻屋顶和入母屋顶上，形成破风边缘的曲面。——编者注

制作墙壁的骨架、抹上底层壁土

屋顶修葺的同时,建筑物下方墙面制作的工作也展开了。如天井回缘或排油烟口的窗框这类构件,则须在墁墙之前安装好。

凡是与墙一体的柱子,都必须钉上一种名为边付的细木条,目的是用来固定墙壁骨架的间渡(支架)。一般来说,当建筑物的柱子立好一阵子之后,会因为干燥而产生收缩或者歪斜的现象;待填入泥土直到墙面完全干燥为止,又会发生另一次收缩,导致后来柱子和土墙之间产生细微缝隙,使得光线和风可以穿透进来。类似这样的缝隙,有时也会因为地震之类所引起的建筑物晃动而产生。因此,在柱子上安装边付,正是用来防止这类缝隙的措施。不过,在桂离宫的书院,边付只安装在鸭居以下的位置,鸭居以上的部位则是采用直接在柱子上钻孔,再将墙壁支架插入的方式。

用作墙壁骨架的支架和板条(木舞),分别是用苦竹和较细的山竹切割后制成的。搭建骨架时,先将支架插入桁与边付的洞孔,用钉子固定住;再用细绳将板条牢牢地缠附在支架上。

墙壁的骨架一完成,便可由内向外涂上底层壁土,并稍微使力压紧,待墙面充分干燥后,再由外往内进行一次墁墙的动作。直到下回进行表层粉刷之前,将其搁置数个月不动。这么做的目的是要让底层泥土充分干燥,以免经过表层粉刷后墙面出现龟裂的情形。在等待的过程中,工人可以转而进行准备天花板等其他工作。

将稻秆拍碎或切细所形成的苆,掺入泥土中混合,制成墁墙用的灰泥

智仁亲王决定天花板的高度

待墙面的底层壁土完全干燥后,工程团队便着手组装天花板的作业。

关于各个房间的天花板高度,乃是由智仁亲王亲自指示木匠工头,并且在现场测量决定。在绘制平面图阶段,只是确定了空间该如何分割、屋顶要采用何种形式等大方向的问题。至于细节,则得视工程实际进行的状况再决定。因为对于不是建筑专家的智仁亲王而言,要他仅凭一张平面图来想象各个空间的样貌,实在是有困难。因此,等到建筑物盖到一定程度,大约可以感受房间的大小及所呈现的风格后,再让亲王实际到现场亲身体验,就细部做决定,这会比光看平面图来得简单许多。

正因如此,书院里柱子上用来固定天花板边框的榫眼,还是等到柱子立好后才凿成的。所以,各个房间的天花板高度都不一样,有些甚至不是单位尺寸的整数倍。

接着,便是在安装好的天花板边框上组织天花板支条(日文称为竿缘)的部分。书院里头所有房间的天花板,均统一采取竿缘式。为避免竿缘中途下塌,必须在屋架上架设吊木来拉住竿缘。吊木通常是用竹子制成的,利用竹节的位置做成类似榫头的形状,将它插入竿缘的表面,然后由上往下垂吊。

书院房间的天花板,采用的是厚度约8毫米、宽度38厘米左右的杉木板。将这些杉木板略微重叠之后,再用钉子将它们固定在边框或竿缘上。另外,为了使木板在重叠时不会产生缝隙,须加设一种名为蝗的装置来补强。

除此之外,在烧火之间的围炉上方也装设有排烟口。

竿缘天井

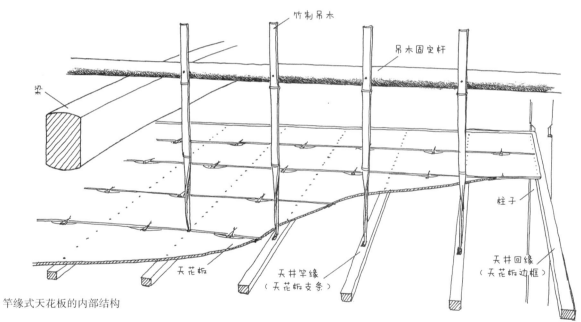

竿缘式天花板的内部结构

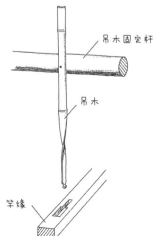
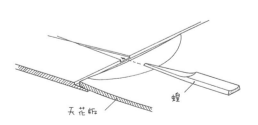

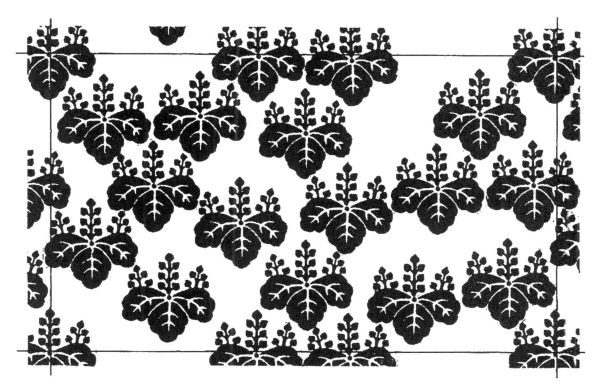

印有桐花纹的唐纸。方框圈起来的部分代表一片木板模的大小

定制唐纸和门窗设备

当桂之地的工程正如火如荼地进行时，京城里的各类工匠师傅也没闲着，包括制作糊隔屏的唐纸、门窗装置、隔屏把手的五金零件、榻榻米等，大伙儿全忙着赶制八条宫家为别墅所下的订单。

唐纸指的是用木板模印上图案的纸张，专门用来裱褙襖障子（日式隔屏）或做成张付壁（贴有装饰壁纸的裱壁墙）。一张唐纸横宽约一尺六寸（约48厘米）、纵长约一尺（约30厘米），一般的隔屏光单面就必须用到左右两排、上下6片，共计12张唐纸。为了能够顺接花样，工匠师傅在糊纸的时候要相当谨慎。

书院隔屏的花样选择了大朵散状桐花纹（仿照真实桐花的花叶）的图案。定稿之后，雕刻师便按照原图制作木板模。接下来，便是由唐纸师傅操作木板模，将图案印在纸张上。必须先在待印的纸张上薄薄地涂上一层用贝壳烧成的白粉打底。至于涂在木板模用来印出花样的颜料，则是以黄土混合白粉及云母石磨成的粉，再溶入胶和糨糊制成的。

唐纸师傅用刷子将颜料涂在一种形似团扇、名为筛的工具上头，然后将筛贴在木板模上蘸附颜料，再将纸摆上去，用手掌充分压匀后，便完成了印刷的工作。

唐纸师

想要在襖障子或张付壁上贴唐纸，前期的打底工作极其繁复。首先，在最底层的木框架上，运用不同的手法重复粘贴好几层废纸。这么做的目的，一来是为了使门扇底层更坚固，二来即使底层歪斜也不会影响表面的美观。

在明障子（半透明式纸拉门）或板户（木板门）这类的内部装置上，也可以看到有别于现代的细部设计。以现在的纸拉门木框架的组合方式来说，格棂的每一根纵、横木条都刻有互相咬合的缺口，其组合方式都是由纵木条的后方来嵌上横木条。由于纵木条的表面会比横木条稍微凸出，所以从正面来看，纵木条呈现出上下贯通的形态（见40页）。

反观桂离宫等古代建筑物使用的纸拉门，虽然组合方式同样采用纵、横木条的咬合，但情况却明显不同：横木条不仅从背面嵌上，也有从前面组合的，呈现出上下左右交替变化的效果。格棂亦即采用类似布料中的平织技法来组成。与其用"组合"来形容它，不如说是"编织"还比较贴切。和线纱不同的是，编织材质坚硬的木条并不容易。关于这种组合方式的格棂，其榫头与组装方法，可说是一项秘密。现在知道这个秘密的门窗师傅已经不多了，就算知道也不会轻易地教给别人。因为一旦组装好就很难拆解，所以这

裱具师

套组装方法又有"地狱式组装法"之称。到底古人为什么要发明这么一套极为复杂的组装方法呢?

原因在于,和现代的纸拉门相比,它的接合处比较坚固且不容易松脱。即使木条干燥后会略为弯曲,但是因为互相牵制的关系而不至于完全走样。用来作为隔屏骨架的木条,宽八分(约2.4厘米)、厚五分(约1.5厘米),是纸拉门木条的好几倍粗。不过,即使是这么粗的木条,一样可用"地狱式组装法"来组装。

在木板门方面,古代所用的也和现代大为不同。现在木板门四边分别环绕着纵框(纵向边条)和上、下横木,并在中间置入数根横木,再从正面钉上木板。至于古代的木板门则没有安装横木。取而代之的,是在距离顶端约10厘米处装上一根中横木。采用这种做法,即使建筑物各房间的内法尺寸(指敷居到鸭居的高度)有些许不同,或是建筑物盖好后,鸭居比预定位置稍微下垂时,也可借由木板门上预留的10厘米木料,随时调整门窗的高度。相较之下,设置了上横木的木板门,就没有弹性调整的空间。另外,关于襖障子把手的五金零件,采用的是样式简朴、形状如小判金币般的铜制品。

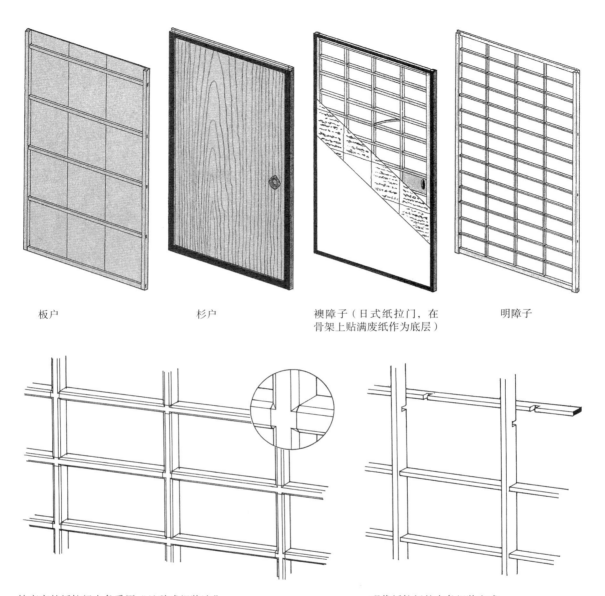

板户　　　　　　　杉户　　　　　　　襖障子（日式纸拉门，在　　　明障子
　　　　　　　　　　　　　　　　　　骨架上贴满废纸作为底层）

桂离宫的纸拉门木条采用"地狱式组装法"　　　现代纸拉门的木条组装方式

襖障子的五金拉手

40

进行墙壁表层粉刷

在书院的墙壁抹上灰泥后，静置两三个月，便可进行表层粉刷。在这期间，只抹上底层壁土的墙面会变得十分干燥，甚至可能到处出现裂痕。

若是按照现代的粉刷技术，想要修整墙面的凹凸不平，势必得补土，甚至再进行一次中层粉刷，之后粉刷表层才算完成修补的处理。不仅如此，墙壁内法贯通过的地方容易形成裂痕，因此还得在贯木上方覆盖一层麻布，利用中层粉刷来加以预防，这种技法被称作贯伏。为了避免墙角处（墙壁的周边与柱子、鸭居、桁等衔接的部分）产生缝隙，有时还会采用一种名为散仕舞的技法，利用混合了大量泥沙的中层粉刷土来墁墙。

但是在桂离宫创建的当时，这些粉刷技术尚未发明，于是只好直接在裂纹横生又凹凸不平的壁土上进行表层粉刷。相对于现代的表层粉刷均匀呈3毫米左右的厚度，桂离宫的书院墙面却得配合底层的凹凸不平，因此粉刷厚度从两三毫米到1厘米以上的都有。

用于表层粉刷的涂料，乃是一种黄中带赭的大阪土。这种有色土含有大量的氧化铁，依据采集地点的不同，有的偏赭红，有的偏黄。在江户时代以大阪采集到的这种有色土颜色最鲜艳，所以称之为"大阪土"。现代人已多半改称它为"锖土"。今日古书院大部分的内外墙，都是采用白色灰泥粉刷的墙面；不过在当年，这些墙面都是由这种有色土涂装而成的。现在的围炉之间、中书院，以及新御殿的内部，依旧几乎清一色都是采用这种装饰壁面。

至于表层粉刷所用的材料，则是在有色土中加入河沙和藁苆，用水调和而成。所谓藁苆，指的是稻秆切碎后当成壁土的添加物。除了水之外，也可以添加鹿角菜之类的海藻制成糨糊。只不过这种做法到头来往往会缩短土墙的寿命。为什么呢？因为墙壁的坚固与否，与土中所含黏土的无机质成分通过化学作用的固化有关。而属于有机质的糨糊则会阻碍固化效应。所以在涂料中加入糨糊，纯粹只为了方便粉刷作业而已。同样地，掺入藁苆的目的也不在于增加墙壁的坚韧性，而是为了便于粉刷且预防壁土在干燥后产生裂痕。

在中书院和新御殿的表层粉刷涂料中，含有大量比现代做法要来得长的藁苆。如果取一团粉刷泥土放在两手上，用手指将它揉散开来，将会发现手上所剩下的藁苆简直多到快满出来！根据判断，原因如同前面所述，由于古时候必须直接在底层壁土进行表层粉刷，而表层涂料的厚度又不一致，为了便于粉刷且防止水分干燥得太快，所以必须加入大量的藁苆。另外，经由对书院原始墙面的观察研究后发现，藁苆对预防壁土崩落具有绝佳的效果。原因是封存在壁土中的这些藁苆，三百多年来其植物性纤维并没有发生明显的腐烂迹象。

首座建筑书院落成

待表层的大阪土粉刷告一段落，完全干燥后，门窗构件便开始安装了。

在房间外侧的部分，有两道沟是用来安装木板门的，其中靠内侧的一道要用来安上半透明式的纸拉门。这是雨户[1]尚未问世前，古代的门窗形式。其开口有一半被木板门遮蔽。而在房间的交界处则是采用襖障子来区隔。唯独烧火之间考虑到用火的需求，采用了内侧为木板门的户襖[2]。

最后，再铺上刚制作完成、颜色尚显鲜绿的崭新榻榻米，桂离宫的书院便大功告成了。

在一之间的西南角落，有一叠榻榻米是设计作为壁龛。壁龛向室内凸出，内里铺榻榻米，壁纸采用和襖障子一样的散状桐花纹唐纸，床框（壁龛前面的装饰横木）则涂上黑漆，凸出于室内的床柱选用去皮后的杉树圆木，侧边墙壁的下半部则做了开放式的透空处理，算是一种显得比较平易近人的做法。另外，由于一之间也是亲王的寝室，所以在房间四个角落的柱子上，均安装挂

---

1 用来防风、防雨、防盗的木板套窗或门。
2 表面仿隔屏裱上纸张或布料的木板门。

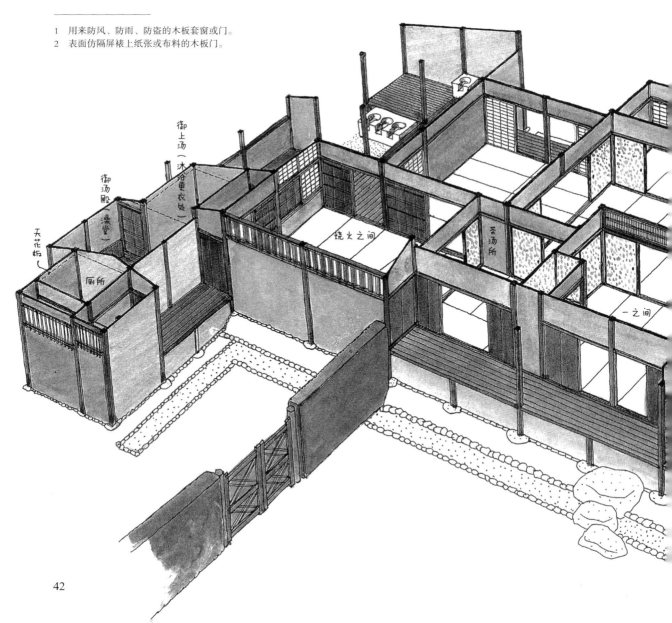

蚊帐用的五金零件。

在一之间和二之间交界的鸭居上方，装设有门顶窗。这种以纵向排列为主、木条细密如纺织机杼的款式，叫作筬栏间（见36页）。而在东侧的宽廊与北侧缘座敷的边界，分别设有方便排放油烟的窗户，并且安装了纸拉窗。

东侧的宽廊采用的是开放式的木地板，未装设天花板，可直接看到屋顶装饰天花。所谓屋顶装饰天花[1]，是在化妆垂木上方铺上木板以构成屋檐，并直接构成桁的内侧，成为天花板的替代物。北边有个玄关可以登上宽廊，玄关与宽廊之间以杉木门为区隔。玄关的东面是一面土墙，在眼睛高度的位置开了一扇直格窗。

在二之间宽廊的前端，连接着一座足有六叠榻榻米大的月见台。这座赏月露台是用圆竹劈下来的竹板条搭成的。顾名思义，这里是专门用来欣赏高挂在庭园上空的银白月亮的场所。月夜里，即使不走出房门，端坐在二之间的深处看到月光洒在露台的竹板条上，就算月亮未能映入眼帘，心里也能感受到它的存在。想必类似这般的空间效果，应该在设计构想之初就已经考虑了。

至于在书院的周遭环境，也安排了一些飞石和植栽的设计。工程进行至此，剩下的便是用挂轴和屏风来装点室内，然后便可大宴宾客、庆祝落成了。

1　日文为化粧屋根裏。

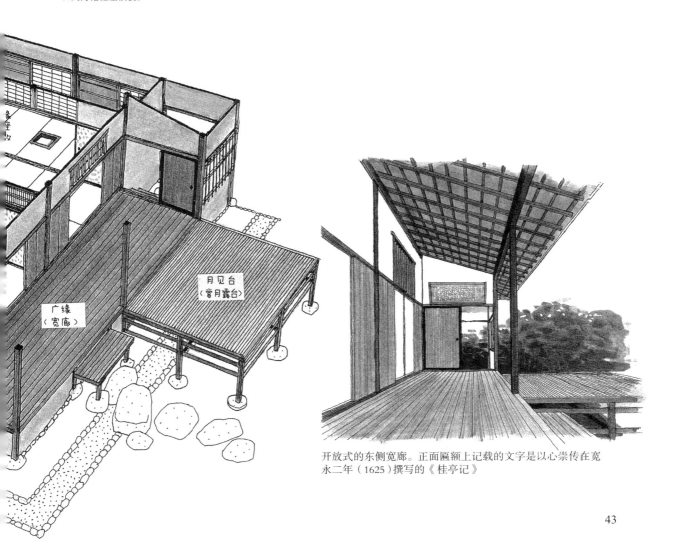

开放式的东侧宽廊。正面匾额上记载的文字是以心崇传在宽永二年（1625）撰写的《桂亭记》

43

畅游"瓜田里轻巧的茶屋"

元和二年(1616)六月,日本历史上记录着女御御方曾有一趟前往桂之地的行程。想必这时候,别墅的首座建筑物(书院,也就是后来所称的古书院)已经完工了吧。"女御御方"指的是智仁亲王的兄长、当时已退位的上皇后阳成院的嫔妃前子。根据判断,很可能是因为前子出身自近卫家族,而过去藤原道长的别庄曾经一度传与近卫家族,故今日旧址重建,免不了要招待前子

同来庆贺，以兹纪念。

于是，就在盛夏的某一天，桂之地展开了游船与琴笙演奏等热闹活动。在亲王的热情款待下，餐桌上除了美酒佳肴外，恐怕还少不了当地的一道名产，那就是采自附近农田的香瓜。

落成后的书院由于设施简单，只有四个房间和一个附有小型厨房的烧火之间，所以被亲王本人称为"瓜田里轻巧的茶屋"。

书院建筑一完工，接下来便针对原先只简单整理过的庭园展开进一步的修筑工程。当常年淤积在池底的泥沙清除之后，整座池塘和中岛的样貌便清晰可辨。将池畔略为整理，用石头和木桩作为护岸，并将四处横倒的庭园点景石放回原先的位置。然后，在中岛上架设渡桥，栽植树木，运用飞石或碎石子堆砌出庭园步道。

在庭园南方的假山顶上，也就是今日赏花亭的附近，盖了一间方便主人和宾客尽享远眺四方美景的小茶屋。在东边土垒的外侧，有自桂川引入的清溪流过。为了观望溪流，这里设有一座茅草覆顶、式样简单的茶屋，供人眺望溪流的景色。根据判断，茅屋的位置应该在今日的四腰挂附近。

由于上述工程都是一点一滴慢慢进行的，所以整个庭园修筑完毕，已经是宽永元年（1624）的事了，距离古书院竣工已整整过了八年。在庭园修筑完成的同年六月，受邀前往桂别业一游的相国寺长老昕叔显晫，在日记中曾经记载有关桂别业的庭园之美。另外，在翌年宽永二年九月，南禅寺的以心崇传曾在造访桂别业期间，受智仁亲王所托，撰写了记录当时桂别业美景名胜的《桂亭记》。虽然这是用汉字写成且表现内容趋于夸张的文章，但却是我们现在能够窥知智仁亲王时代桂别业样貌的唯一史料。

根据《桂亭记》描述，这块地方曾经是光源氏吟咏和歌作乐的地点，也因为有这样的背景，亲王特地差遣众人，将桂川的河水引入园内，并造假山、筑华殿、建玉楼。除此之外，宽广的池面上漂浮着小船，池水清澈到可以细数水中的鱼儿，还有成群的水鸟聚集，一派优哉闲适的风情。除此之外，向东还可以眺望京城的家家户户及东山的群峰；向南则有桂、宇治、木津的河川与巨椋的池塘；西边可看到松尾神社的祭神殿，饱览岚山和龟山的山景以及大堰川的浩瀚景色；北边则是爱宕山峰往东延绵与鹰峰相连的景象。还可以欣赏四周风景随着花、月、雪等四季不同的变化而展现出的多变面貌。

荒废的桂别业

当别墅完成之后,智仁亲王便经常造访桂地,有时一待就是一个月。根据猜测,当时的他不是一个人静静地在此吟咏和歌,就是招待宾客举行热闹的宴会。但是很遗憾关于桂别业实际的使用情形,并没有留下具体的记录。

宽永六年(1629)四月,智仁亲王辞世后,桂别业就再也无人使用,乃至日渐荒废。亲王过世两年后,也就是宽永八年(1631)的八月,曾经造访桂别业的昕叔显晫,在前往桂之地一带办事的回程中,顺道绕到桂别业瞧瞧,在日记里留下了这段记录:"不管是建筑物还是庭园都因乏人维护,出现严重荒废的景象。此情此景,令人不禁想起过去美好的时光,内心感到无比悲凄。"

此时,智仁亲王的下一代智忠亲王只有13岁,要他继承父亲的遗愿,恢复别墅昔日的风光,至少得再等十年。

八条宫智忠亲王

智忠亲王

　　智忠亲王是智仁亲王的长男，诞生于元和五年（1619），乳名"多古麿"。多古麿在6岁时成为后水尾天皇的养子，8岁才改称号为智忠亲王。

　　宽永十九年（1642），当智忠亲王24岁的时候，与金泽（加贺）藩主前田利常的女儿富子成婚。富子的母亲是德川秀忠之女珠子，所以富子算是当时的幕府将军德川家光以及后水尾上皇的皇后东福门院和子的外甥女。和富子成婚，无论是站在幕府还是朝廷的立场来看，都无疑是提升了智忠亲王的地位。此外，亲王的妹妹梅宫嫁给本愿寺的良如僧正，弟弟二宫良尚亲王又入了曼殊院的佛门，甚至还当上天台宗的最高住持，这些关系使得当时佛教界的重要人物几乎都是智忠亲王身边的人。

　　即使在经济层面，智忠亲王也同样享有优势。由于其妻子是来自加贺地区享有一百万石俸禄的前田家，亲王除了分内所领的俸禄三千石外，还可得到来自前田家的援助，使得八条宫家的富裕程度遥遥领先于当时宫廷的其他人。比起他的父亲智仁亲王在前半生卷入由丰臣转移到德川的动荡政局中，智忠亲王的命运显得安稳而福气许多。

　　此外，在学业方面，宽永六年，负责教导11岁亲王读书的昕叔显晫，在他的日记里曾以"聪明的程度超乎人们想象"来形容这位自幼聪慧的亲王。无论是从他优良的血统、得天独厚的环境，还是与生俱来的才华来看，智忠亲王都具有绝佳的条件，可说是当时贵族的典范。甚至形容他为近世的光源氏一点儿也不为过。

佐野绍益曾经在天和二年（1682）出版的《热闹草》一书中，对智忠亲王高贵又亲和的性格赞誉有加。绍益出身自与光悦有着近亲关系的本阿弥家，后来由京都富商佐野家收为养子，之后在宽永年间成为京都町人的代表人物。绍益称得上是多才多艺的风流人物，学问、和歌、茶道，甚至是蹴鞠，几乎样样精通。他与宫廷的关系颇深，和智忠亲王更是至交好友。

根据《热闹草》书中的描述，亲王年轻时体弱多病，为了改善身体的状况，在绍益的建议下开始踢球，后来就渐渐迷上了这项运动。书中还提到，就是这件事引发了亲王重新整顿桂别业的念头。

决定增建御座之间

关于桂别业的重建工程究竟是在何时展开，我们无法确知。不过，若干证据显示，很可能是在宽永十八年（1641）。

"御茶屋不知道还存在着吗？看到它，就令我想起小时候和父亲大人一同造访此地的情景……"

这段话出自梅宫写给兄长智忠亲王的亲笔信。信中同时提到智忠亲王首度前往下桂视察领地的事，字里行间隐约透露出亲王已在桂别业展开重建工程的信息。虽然发信的日期不明，但可以确定的是，这封信应该是在宽永十七年十二月，梅宫嫁入本愿寺以后写的。

这次重建工程的目的是在原来的书院（古书院）之外增建其他建筑物。原因是现有设施已不敷亲王想要在别墅长期居住或者想多招待一些客人的需求。新建的房舍（即后来的中书院）主要是用来当作亲王平日起居的御座之间，而原有的建筑物则计划改成专门用来招待宾客的厅堂。

做好决定之后，亲王立刻找来他所熟悉的木匠师傅，并将自己的想法告诉他们。

根据推断，亲王传达的应该是类似如下的想法：

"我不是要另外盖一栋房子，而是以现有的建筑物为基础增辟新的空间。所以我不需要太多房间，像壁龛或违棚[1]那些装饰也可以免了。不过，新盖的房间必须要能够看到庭园的景色。"

经过磋商，双方决定如下的改造方案。首先，

---

1 交错搁板架。

增建部分规划在原来书院的南侧,向外拓增出一个凸出的空间。从平面图的配置来看,共有两间六叠榻榻米和两间八叠榻榻米大的房间,围成田字形。房间的三个方向上环绕着半间宽的开放式木地板走廊。

随着房子的拓建,与新盖房舍相连的部分设施也必须重新更动。也就是说,在紧临一之间的西侧,改建一间备有地炉、占十叠大的烧火之间,并在其西侧再改建一间六叠大的房间。这样一来,就可以与御座之间南北向柱子的排列连成一线。另外,为了配合亲王长期居住的需求,家臣与侍女的居住空间也变得十分必要。因此在御座之间的西侧,特别盖了一栋独立式的二层楼房,它的北面覆有屋顶,以作为煮饭的地方。这栋附属的房舍与御座之间,以铺木地板的走廊串联。至于先前的澡堂和厕所,则移到了南边。

于是,桂别业的改建计划,规模变得越来越庞大。

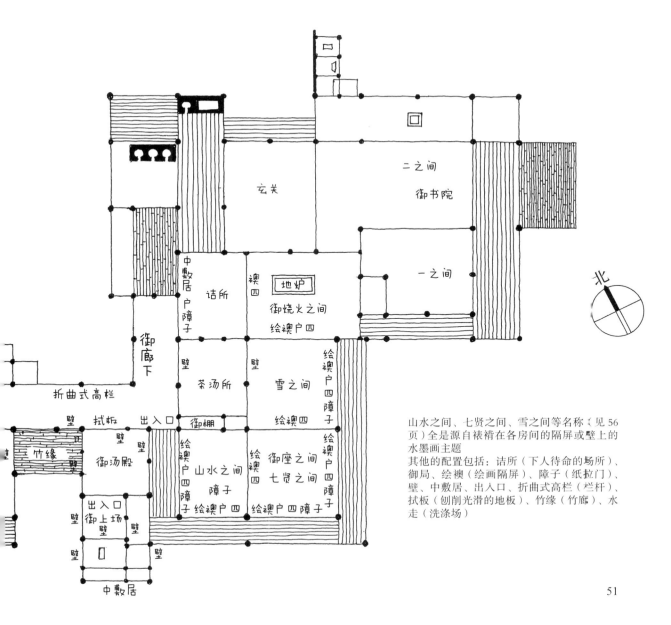

山水之间、七贤之间、雪之间等名称(见56页)全是源自裱褙在各房间的隔屏或壁上的水墨画主题

其他的配置包括:诘所(下人待命的场所)、御局、绘襖(绘画隔屏)、障子(纸拉门)、壁、中敷居、出入口、折曲式高栏(栏杆)、拭板(刨削光滑的地板)、竹缘(竹廊)、水走(洗涤场)

拆除书院部分结构，组装御座之间的梁柱框架

这次增建工程的进行，仍依照上次的先后顺序与工法来进行。在空间尺寸的规划上，和书院一样采用内法制，也就是以六尺三寸的榻榻米和四寸角柱作为标准。

至于材料方面，凡柱子和檐廊周边的桁，均选用杉木的面皮材来制作。其他位置的桁、梁、敷居、鸭居、垂木等，则使用松木。另外，在天井回缘和竿缘的部分，选用的是枞木；至于天花板本身则是杉木。在这些有关御座之间的种种建材当中，最引人注目的便是面皮材的使用。尤其是将面皮材使用在柱子上，让增建后的书院整体印象与原来使用松木角柱的感觉全然不同。

所谓面皮材，指的是切割圆木但保留树皮作为外观的角材。这种木材由于保留了内容实心材料，待其干燥后，难免会产生龟裂或变形的问题（见67页）。

御座之间的木作工程大致上先将木材彻底干燥，待该发生的裂痕都已浮现后，再一一进行加

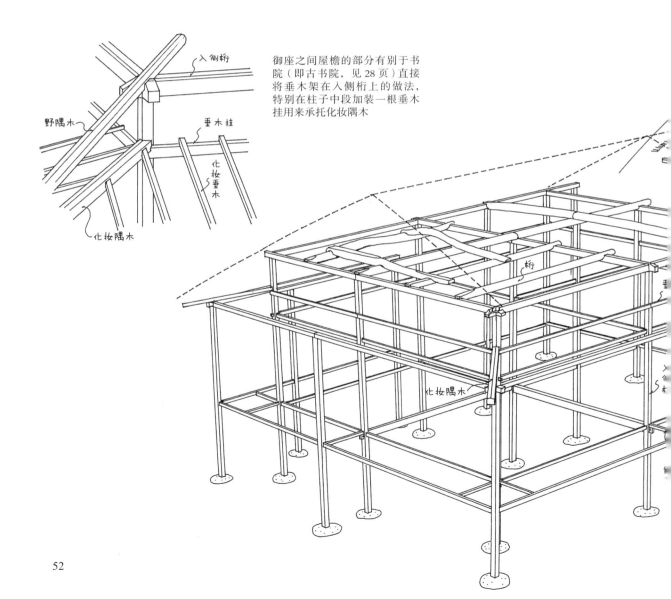

御座之间屋檐的部分有别于书院（即古书院，见28页）直接将垂木架在入侧桁上的做法，特别在柱子中段加装一根垂木挂用来承托化妆隅木

工。因为若不等木材干燥就贸然加工，组装完成后一旦发生龟裂或变形，那么不是榫头松脱，就是露出接合不良的细部。

将增建部分的基地稍微用土堆高，并将台基的泥土夯实后，随即摆上天然的础石。在正式开始增建部分的梁柱框架组装作业前，必须先拆除古书院原有的部分结构，包括屋顶西南方的柿板、野垂木、化妆垂木等，以及西南角的化妆隅木。另外，烧火之间与茶汤所之间的隔间设备与外围的墙壁全得打掉，位于南边的三根柱子也得一并撤除，然后重新竖立御座之间的四根大柱。完成以上的拆除作业，之后的兴建步骤按照以往新建工程的方法进行即可。

柱子的底部经过光付处理后便进行立柱，依序装设横档、架上内法贯，组合桁与梁，借此形成梁柱的架构。然后，在柱子上安装用来承托垂木的横木，逐一将化妆隅木与垂木钉上去，并铺上长粉板，然后，一个开放式檐廊的屋顶装饰天花与屋檐便完成了。

接着，再逐步完成地板架与屋架结构，钉上野垂木与屋面衬板（日文称为野地板），并将位于南面山墙的破风板安装上去。当然，组装过程全都依循事先标示的番付来进行。而且每个构件也同样依照往例上色。

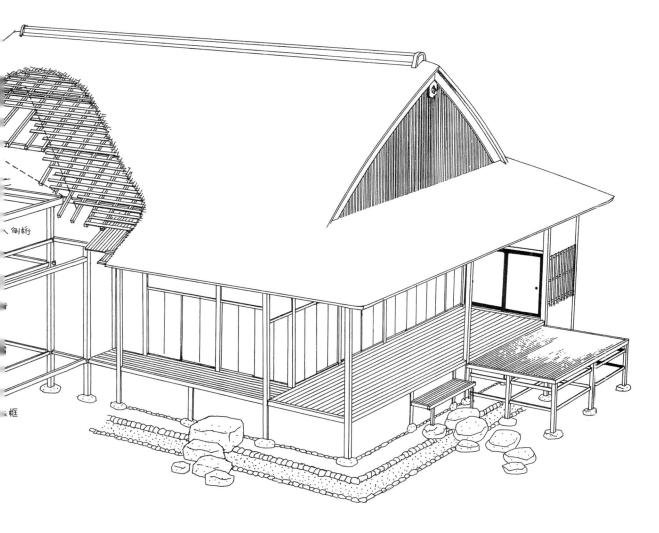

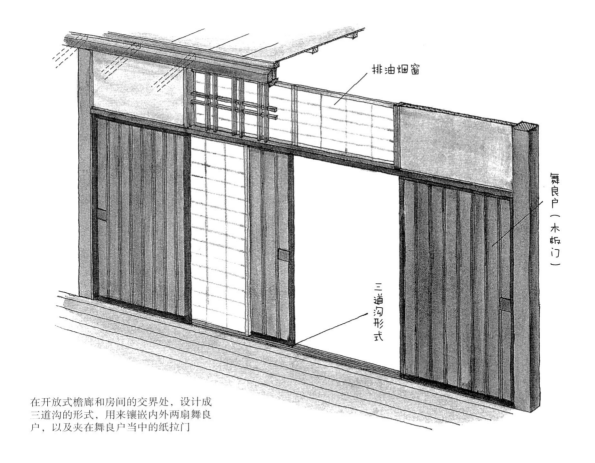

在开放式檐廊和房间的交界处，设计成三道沟的形式，用来镶嵌内外两扇舞良户，以及夹在舞良户当中的纸拉门

仰仗智忠亲王的指示施作

当铺设屋顶的工匠爬上屋顶，热热闹闹地钉柿板的时候，就表示木作工程已经告一段落。到此阶段，便得仰仗智忠亲王进一步的指示。

亲王要做的工作，便是站在工程已进行大半的室内，仔细地考虑后面的问题。每个房间的隔间和内外的区隔是怎样的？是要用墙壁来区隔，还是要镶嵌门板？用门板的话，应该采用什么样的形式？窗户要怎么做？天花板的高度要多少才恰当？凡此种种，都得经过现场勘察才能确定。

最终，亲王决定靠南侧和东侧的三个连续弯曲的房间，与其外侧开放式的檐廊之间，统一制作三道沟的形式，用来安装四片舞良户[1]和两片纸拉门。至于三个房间内的隔间则采用隔屏。

除此之外，在东侧两个房间拉门上方的窄壁各设一处排油烟窗。为了达到这个要求，必须锯断已搭建好的鸭居上方的内法贯，再加入窗框。至于南侧两个房间的交界，由于一开始就设定配合实际需要，随时可以合并使用，因此并未装上内法贯，而是直接嵌入门顶窗。

按照原本的计划，新建房间的设计会尽量简朴，像是壁龛或违棚一类的装饰能免则免。不过，由于当时刚好别处正准备拆除御殿，有现成的违棚弃置不用，亲王索性改变计划，将违棚安装在御座之间的一个房间里头。

---

[1] 防风雨兼防盗的木板门。

在西南角房间的北面，设有从他处御殿卸下来的违棚

　　从中书院的拆除调查中发现，御座之间的违棚构件中，有人在一个不显眼的地方用墨笔标注了一些文字，根据这些文字显示，这套违棚原本安装于一座御殿里的上段之间[1]，并称为御化妆之间。从设有一间独立的御化妆之间且位于上段之间来看，不难想象这座正准备拆除的御殿，应该是属于某位身份不凡的女性所有。而根据种种迹象来判断，这位女主人很可能就是亲王的母亲常照院。常照院的宅邸原本位于皇宫北方紧邻八条宫官邸的东侧，当亲王准备为夫人富子打造一座专属御殿时，便将它拆除了。

　　最后，亲王决定将这套违棚装设在西南角房间的北面。而在违棚的东边，有个半间左右的空间，安装一道内拉式的门，作为进出北边茶汤所的出入口。为了这项变更计划，原本已安装在墙里的贯木便得拆除，因此而露出的柱子上的榫眼也得一并填平。

　　说到茶汤所，它是一个东、北、西三方皆为土墙的封闭式房间，北面设有一个半间大小的出入口，西面同样有个半间大的出入口，外加一个小窗户。室内则装设置物用的搁板。

　　当天花板的高度也确定之后，室内装修的工程终于可以开展了。

---

[1] 地板比一般房间高一阶，用来接见宾客，以示主人地位之崇高。

由狩野三兄弟负责障壁画

关于室内装饰的部分，凡是襖障子、舞良户的内侧，以及东北角房间的西面墙壁，均采用裱贴水墨画的方式。由当时幕府的御用画家狩野探幽、尚信和安信三兄弟，各自为一个房间作画。绘画的主题各有不同，西南室为探幽所绘的"山水"，东南室为尚信的"竹林七贤、商山四皓"（皆为中国传奇故事中的隐士），东北室则为安信的"雪中花鸟"。各个房间的名称也因应这些障壁画的主题，分别取名为山水之间、七贤之间和雪之间。过去，智仁亲王盖的古书院采用的是唐纸来装饰，而智忠亲王盖的御座之间却是使用水墨画来装饰。这项设计的大变动很可能与下列因素息息相关。

当智忠亲王正在桂之地进行增建工程的时候，京城也在进行着盛大的新皇宫营建之事。这座新皇宫是为了宽永七年（1630）登基的明正天皇特意兴建的，于宽永十八年（1641）正月正式动工，翌年六月完成。这座新皇宫重要御殿的障壁画，多数由探幽三兄弟亲笔所绘。这时候，探幽和安信二人其实早已迁居江户，为了完成宫里的任务特地上京，三兄弟才难得趁此机会聚首。

亲王见机不可失，决定邀请三位大师顺道来桂之地，为他挥毫创作，各自装饰一个房间。当时狩野三兄弟承揽了宫廷的大量画作，如此繁忙尚能分身来到桂之地，应该与当时负责皇宫营造工程的总奉行（最高负责人）小堀远州脱不了关系。

小堀远州是一位大名，他以设计许多精美的建筑物和庭园而出名。也许，邀请狩野三兄弟出马为桂别业作画的构想，是因为与亲王熟稔的他主动向亲王进言的也说不定。

第二期工程顺利完工

在亲王的指示下，室内装修所需的材料陆续送达现场。同时，墙面的工程也开始着手进行。首先，在柱子侧边钉上边付，然后用竹板条编成墙壁的骨架，在上头填入下层壁土，待其干燥后，再抹上表层粉刷用的大阪土。

不管是土墙、天花板还是屋顶的柿板等，大多与上一次的做法相同，唯独鸭居部分有所差异。由于这回墙内安装了内法贯，因此鸭居可以利用蚂蝗钉将它垂悬在内法贯的下方，免除在柱子上钻孔的麻烦，只要从斜上方敲进钉子简单固定即可。话虽如此，但是在设有门顶窗或排油烟窗的位置，内法贯无法贯穿，便得采取较牢靠的做法，那就是直接在柱子上凿刻榫口，外加钉子固定的方式。

御座之间的所有柱子都是用杉木的面皮材制成，而且每个房间的天花板也统一做成竿缘式。不过，开放式檐廊则未设天花板，选择用屋顶装饰天花来替代。至于鸭居的上方，则一如原来书院的设计，均未安装长押。

待榻榻米进驻、裱有狩野三兄弟水墨画的拉

崭新的烧火之间紧邻书院一之间的两侧

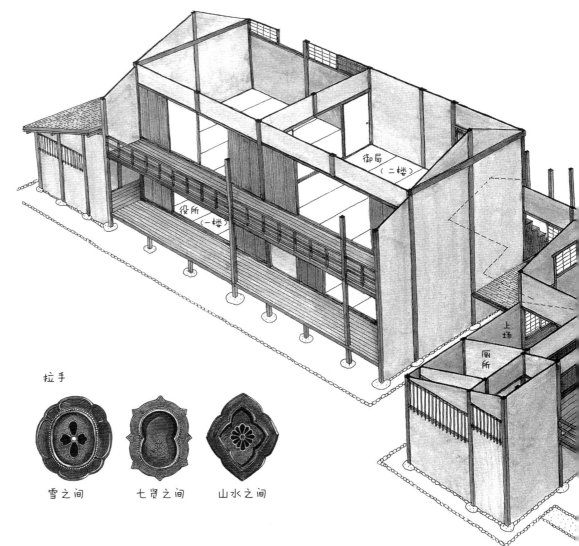

门和木板门也一一装上后，房间顿时显得热闹非凡。至此，御座之间终于完成了。

在山水之间和七贤之间分界的鸭居上方，镶嵌着一块用杉木板挖空成木瓜造型的门顶窗（见55页）。木板的表面先用沙子磨过，使其呈现粗糙的质感（这种手法被称为砂折），再以黑漆和春庆涂[1]为边框及外框上色。

在山水之间，架设着可能从常照院御殿搬来的违棚。七贤之间里，则并无一般日式房间惯有的壁龛、搁板等设计，四面是由拉门和木板门围绕而成。至于雪之间，除了西面的张付壁（贴有装饰壁纸的裱壁墙）之外，只有拉门和木板门。

拉门的五金把手，与先前的古书院中采用的都是同一款型。不过在御座之间，却仿照障壁画的模样，使三个房间的把手各异其趣。相对于书院极简风格的小判金币形状把手，这里的三个房间却呈现几何图案组合，底板不是雕成花草图形便是使用珐琅，华丽至极。

这些五金的款式都是亲王依照自己的喜好，从装饰五金零件师傅带来的样品或设计图集里精心挑选出来的。当时，市面才刚出现这种呈现些

---

1 用红色亮漆涂木器，使木纹更加突显的一种上漆方法。由室町时代的漆匠春庆所创。

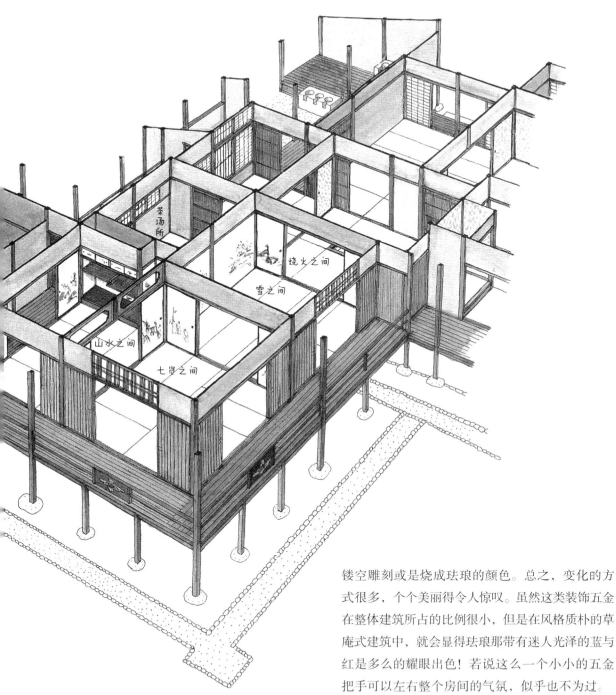

微巧思奇趣的五金零件，有别于过去例如遮盖钉子的六叶形铁片，或是金币形状的把手等定型的式样。虽然基本图案仍不脱传统的花瓣、木瓜、菱形等式样，却可加上各种形状的边框，也可做镂空雕刻或是烧成珐琅的颜色。总之，变化的方式很多，个个美丽得令人惊叹。虽然这类装饰五金在整体建筑所占的比例很小，但是在风格质朴的草庵式建筑中，就会显得珐琅那带有迷人光泽的蓝与红是多么的耀眼出色！若说这么一个小小的五金把手可以左右整个房间的气氛，似乎也不为过。

在御座之间的西侧，与之相隔一条走廊的位置盖了一栋二层式建筑。一楼是经办各种与宫家领地相关事务的办公场所（役所），二楼则是供阶级较高的侍女居住的御局。

整顿庭园

当富子刚从前田家嫁进八家,开始新婚生活没多久,智忠亲王便又投入御座之间的兴建工程,并着手整理庭园,包括将荒废已久的池畔护岸修复整齐、庭园点景石一一归位、重新栽种植物、整顿庭园步道。

还要维修智仁亲王时代的两座御茶屋,同时新建三座御茶屋。这些御茶屋当中的一座还设置了茶室。

有关庭园和御茶屋的修缮工程,一直进行到庆安二年(1649)五月左右才终告一段落。当月的三十日,亲王迫不及待地邀请了南禅寺的最狱元良和鹿苑寺的凤林承章等人,前往桂之地宴游取乐。

根据承章的日记《隔蓂记》记载:亲王宴会开始时亲自点茶招待客人,接着带领大家参观庭园的五座御茶屋,大伙儿一边饮酒一边开怀享受各种娱乐活动。然后一行人搭乘"楼船",品味浓茶、享用美酒。

在进行庭园工程的正保年间(1644—1648),亲王曾多次停留桂之地,为的不只是到别墅享受度假乐趣,还包括监督庭园与御茶屋的工程进度。佐野绍益在《热闹草》记载:亲王曾在现场召集工匠,亲自指挥御茶屋和庭园工程。他还写道:桂别业的庭园景观乃是参考《源氏物语》描绘的情景,而茶室更是由亲王本人设计。常照院写给亲王的信中提到"愿工程逐日贴近你心目中的理想,并祝身体安康",可知第二期工程几乎都是按照智忠亲王个人的想法来进行的。

对于母亲常照院和妹妹梅宫,亲王不仅常赠予桂川的新鲜香鱼、山野的松茸、竹笋等山珍,有时还会招待她们前来品茗或者游船。亲王本人不在时,梅宫甚至还会借用桂别业的御殿或御茶屋,或是搭船行至桂川赏月作兴;偶尔偕同丈夫良如僧正一同乘船上溯桂川,一路畅游到嵯峨野。关于这条船,一般认为应该是承章在日记提及的"楼船";不过根据绍益的说法,则比较近似于《源氏物语》所提到的中式"画舫"。

61

现在的修学院离宫

后水尾上皇与修学院的山庄

在智忠亲王忙着重建桂别业的同时，后水尾上皇也正计划兴建一座山庄，并相中了京城北方的衣笠山山麓。不过这个计划并没有付诸实行，反而是选在高野川和贺茂川包夹的北山上的长谷、岩仓一带，设立数座小型山庄，方便往来其间。此外，还分别在各山庄附近的山里面兴建了歇脚的御茶屋。这是因为对于盖在山麓的别墅来说，登山可谓是重要的余兴活动。

尽管如此，后水尾上皇对于这些小山庄还是不满意。原因是没有一座山庄附有水池，也没有河川小溪流经其中。

有一天，也就是明历四年（1658）三月十二日，后水尾上皇突然决定微服探访桂别业。一般认为，这个举动应该是由于当时宫廷人人口口相传八条宫的别墅有多么尽善尽美，这才吸引上皇想要亲眼见证。亲自走访桂别业后不久，上皇决定在修学院一地兴建山庄，并于一年后的万治二年（1659）四月完工。这栋山庄也就是现在的修学院离宫的下御茶屋。修学院离宫错落着数栋建筑物，庭园有人造瀑布，引水设施的水流量又大又快，还辟建了池塘。显然这一趟桂别业之行，给上皇带来不小的刺激。

下御茶屋盖好后，山庄的工程仍未停止。接下来便是在深谷中兴建拦河坝，借以阻断溪流、围成人工池。在水坝的外侧筑有四段式石墙，上方并加盖土堤。若自谷底算起，总高约 15 米，长度则超过 200 米。就是在这里辟建了一座日本庭园未曾有过的大型人工池，也就是今日上御茶屋所在的浴龙池。

智忠亲王曾受邀前往这座新落成的修学院山庄游览。宽文二年（1662）四月十二日，智忠亲王又和曼殊院的良尚亲王一起接受后水尾上皇的招待来到山庄。

抵达山庄后，他们先在上御茶屋的几座御茶屋用些点心，然后乘船环绕浴龙池数趟，饱览池畔风光。接着移往下御茶屋，在御殿用餐。之后再回到上御茶屋乘船游玩，并在船上聆听谣曲[1]的演唱、享受美酒佳肴……尽情畅快地度过初夏的一整天。

上皇游访桂之地的约定

或许是上皇新落成的山庄大获好评，这个时期开始出现类似参观证的东西，名为割符，是访客申请参观修学院山庄获准后核发的证明。当时，凤林承章就是持有这项证明，才能带领同门僧侣一行 80 人入园游览。

从上御茶屋的位置望去，鞍马、贵船一带的风光，乃至与之连接的北山和西山山脉景色，一览无遗。甚至还能远眺地平线那端，京城家家户户鳞次栉比的屋顶。这般辽阔无垠的视野，加上宽广的人工池与上、下御茶屋，构成了规模如此庞大的山庄，直教智忠亲王看傻了眼。我们不难想见，后水尾上皇在微服探访桂之地的四年后所展露的得意面孔。

"在拜见过山庄的宏伟规模后，这回轮到我回去改造桂别业，好盛大迎接上皇的再度驾临。"

根据推测，智忠亲王很可能曾对上皇提出这类口头承诺，因此时隔没多久，为了迎接上皇，亲王便马不停蹄地投入桂别业庭园的改造工程，并加盖一座御幸[2]御殿。

1　日本能乐的歌词。
2　御幸即日本上皇、上皇后、天皇等离宫外出之意。

御幸御殿的营造计划

桂别业的御座之间采用与原有建筑连接的形式拓建而成。不过，为后水尾上皇所建造的御幸御殿（新御殿），非得盖成独栋的形式不可。不仅如此，空间必须比先前的房子来得大，装潢也要更气派才行。由于需要的设施不少，例如上皇用来接见宾客的对面所、家臣待命的房间、寝室、澡堂、伺候用餐的地方等，这使得御殿的隔间变得异常复杂。于是亲王火速召来木匠工头，命令其尽快把平面图画出来，而且制作平面图时须请示上皇，依照他的喜好来绘制。

最后御殿室内空间的配置定案了。御殿将坐落在御座之间的西南方，坐西朝东。至于两座建筑之间是否要以回廊连接，则仍在评估当中。原因是高架式的地板配窄廊的形态并不是很稳固。而为了顺利将两栋建筑串在一块儿，中间加盖一间小小的房舍来连贯，似乎是势在必行了。

在隔间部分，主要房间一之间（上段间）和二之间呈南北并排的形式，在它们的东侧和南侧，分别设有一道檐廊。这里所说的檐廊，实际上是在外侧装设着门窗、形同室内走道的入侧缘。除了这两间公开的房间之外，在它们的西侧尚设有一些私人空间，例如御寝之间、御镜台之间以及御衣纹之间等。

通往上皇御殿的玄关入口究竟该设在哪里倒成了一个恼人的问题。以正统的做法来说，御殿的方位若是朝南，阶梯就该设在南边，作为上皇进出御殿的出入口。不过也有人说不需要如此讲究。另外，由于上皇驾临当天不是乘坐凤辇（天皇或上皇的正式銮舆）前来，而是选择往常前往修学院等地所坐的轿子。因此与御殿连接的这座小型房舍，必须设有宽幅一间的木地板走廊，以方便上皇下轿。

除了御幸御殿之外，在书院的北侧，亦计划兴建一座茅草覆顶的大型厨房，以及御末之间、外玄关等设施，目的是用来供应大批随行者的伙食，并为他们提供一个休息待命的地方。

另一方面，庭园也需要进行大幅度改造。如果维持着明历年间后水尾上皇来访时的模样，则感觉缺乏招待的诚意。就连散布在庭园各处的御茶屋也必须重建。

首先进行的是拓宽池塘南面假山的西边池岸，并在假山的南面凿通一条道路，使假山自成一座大岛。此外，在原有的大水池东边另挖一方小池塘，使之有别于大水池。同时仿造日本名胜天桥立的景观，在岸边搭建一座天桥通往中岛；池畔布满了圆形的海石，令整座池塘充满海岸线风情。然后再设置御幸门，并且铺设一条从大门通往御殿的御幸道。

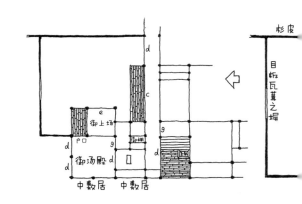

西南角的御汤殿在工程中途临时改变计划，变成如图的配置（见71页）

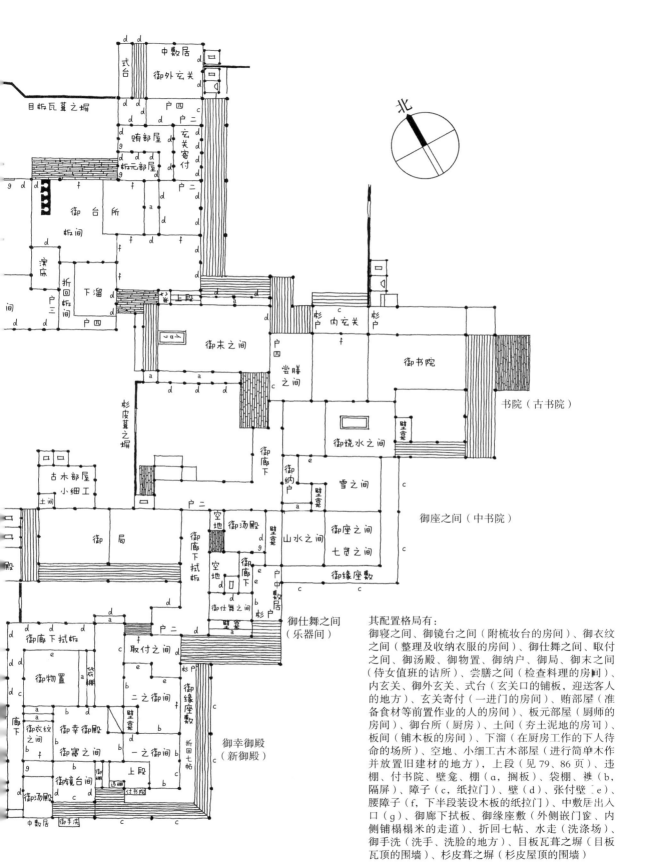

其配置格局有：
御寝之间、御镜台之间（附梳妆台的房间）、御衣纹之间（整理及收纳衣服的房间）、御仕舞之间、取付之间、御汤殿、御物置、御纳户、御局、御末之间（侍女值班的诘所）、尝膳之间（检查料理的房间）、内玄关、御外玄关、式台（玄关口的铺板，迎送客人的地方）、玄关寄付（一进门的房间）、贿部屋（准备食材等前置作业的人的房间）、板元部屋（厨师的房间）、御台所（厨房）、土间（夯土泥地的房间）、板间（铺木板的房间）、下溜（在厨房工作的下人待命的场所）、空地、小细工古木部屋（进行简单木作并放置旧建材的地方）、上段（见79、86页）、违棚、付书院、壁龛、棚（a，搁板）、袋棚、襖（b，隔屏）、障子（c，纸拉门）、壁（d）、张付壁（e）、腰障子（f，下半段装设木板的纸拉门）、中敷庭出入口（g）、御廊下拭板、御缘座敷（外侧嵌门窗、内侧铺榻榻米的走道）、折回七帖、水走（洗涤场）、御手洗（洗手、洗脸的地方）、目板瓦葺之塀（目板瓦顶的围墙）、杉皮葺之塀（杉皮屋顶的围墙）

圆木材、面皮材的设计巧思与技法

整地完成之后，便开始进行御座之间西南角部分结构的拆除工作。这个角落是用来衔接新砌建筑的空间。于是，原有的屋顶构件被一一拆解，还拔除了西南角的一根柱子，锯断了部分的桁。取而代之的，是重新安上两根新的柱子。

接下来，就可以进行梁柱框架的组构。在搭建御幸御殿的同时，与原来建筑相衔接的建筑物也一并按步骤进行建造。

这回的工程一如以往，鸭居在立柱的阶段便已安装上去，柱间尺寸也维持六尺三寸榻榻米加四寸角柱为基准的内法制，所有的木材构件也全上了色。

在柱子方面，选用的是杉木制的面皮柱；唯独一之间的上段与二之间壁龛的柱子特别选用了圆木柱。另外，虽然以前在建造书院、御座之间时并未使用长押，但这次在御幸御殿的一之间、二之间和御寝之间等主要房间，全都安上了长押。这里的长押同样使用圆木来制作。而在一之间的上段间上方的窄壁，以及一之间和二之间分界的门顶窗等处，也运用了圆木与面皮材来制作。与御座之间相比，这回建材的使用方式显得灵活许多。

除此之外，在敷居、鸭居、隔木、垂木等部位则采用松木来制作；至于天花板边框、竿缘等，使用的是枫木；天花板、走廊地板等位置，则选用杉木。比较特别的木材种类，出现在御汤殿地板所使用的高野杉，以及同是御汤殿的腰板位置和御衣纹之间的部分搁板架，使用日向所出产的一种具有美丽木纹的桧木，名为熊腹桧。

*

用来作为建筑材料的木头，通常不是制成木板，就是做成角材。若是直接使用圆木或面皮材，多半是为了营造草庵的氛围。换句话说，完全是设计的要求使然。不过，以圆木取代角材还会产生一些特殊的问题，需要运用专业技术才能解决。以桂离宫为例，木工团队究竟是如何克服这个困难的？且看以下的整理分析。

若是观察木材的断面，就会明白年轮是呈同心圆状向外扩展的。这个同心圆的中心被称为木芯。砍伐下来的树木在干燥后很容易收缩。收缩的情形虽然不分纵、横方向一律看得见，但其中收缩幅度最大的是弦向。相较之下，纵向和径向收缩的影响最小。

因此，像是桧木或杉木这类日本人较常使用的木材，一旦以圆木的形态直接干燥，势必会产生龟裂。想要避免龟裂，就得去除木芯再予以加工（被称为去芯材）。即便如此，仍无法避免断面产生变形。于是，只好等木头彻底干燥，断面的变形已然产生且定型后，再进行一次刨削，始能制成有用的建材构件。

另一方面，使用圆木或面皮材作为建筑材料，由于木材还带有木芯（被称为含芯材），所以当然会产生龟裂。为避免组装之后才出现裂痕，导致卡榫松脱，必须等到木头充分干燥，该发生的龟裂也已经发生，再来进行加工。御座之间的面皮材正是使用这种对策。但实际上，即便这样仍很难避免柱子龟裂，那实在是不体面的事。为了根绝此项忧患，御幸御殿特别采用了新的技法，那就是所谓的割背。这种技法在当初兴建御座之间的时候，仅少量地运用在诸如违棚旁的柱子等处，但在兴建御幸御殿时，所有柱子全部采用这种割背技法。

所谓割背，即是趁圆木尚未干燥，在上头锯一道锯缝（拉曳锯子所产生的裂缝）。这么做

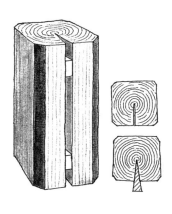

a 在木材表面锯出锯缝接着敲进楔子

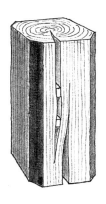

b 将楔子敲进裂缝之中

c 利用细木头填塞裂缝

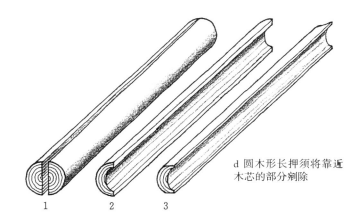

d 圆木形长押须将靠近木芯的部分剜除

可以使木头在干燥收缩时，令龟裂的变化集中到锯缝的位置，预防其他部位发生龟裂。以御幸御殿为例，它总共采取了两种不同的方式：一是在圆木上刻一道锯缝，然后把木头楔子敲进去（a图）；另一种是在已产生龟裂的位置敲进木头楔子，迫使裂缝加大（b图）。

说到割背的位置，宜尽可能选在连接墙壁或搁板架的那一面，以避免缺口外露。不过，假如该构件是独立的，没有任何一面与墙壁连接，那么可以利用凿子将割背的裂缝挖成一定的宽度，再用细木头填塞（c图）。

若是圆木形长押，则可直接剜除内侧。这种把接近木芯的部分整个去除的做法，能有效预防木材表面出现裂痕（d图）。

树木的根部向来都是最粗的部位，越往上头越细。但作为面皮材使用的木头，必须尽可能采用上下粗细变化不明显的树木来制作。话虽如此，要上下粗细一致毕竟不易，加上每棵树木的断面年轮未必都够圆，大多数是呈凹凸不一致的扁圆形状；因此，为顺利取得一个匀称的表面，制作木材就得格外费心。不过再怎么留意，木材的表面终究有宽有窄，难以均等。

关于这一点该如何调整呢？从御幸御殿门顶窗上方的鸭居和几根柱子便可窥知一二。取面积较大的部位从旁边锯出一道锯缝，再把楔子敲进去。这种做法和割背的技巧没什么两样，不同的

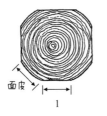  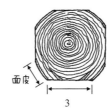

e 缩小面皮宽度的做法

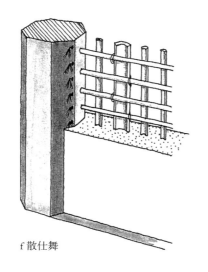

f 散仕舞

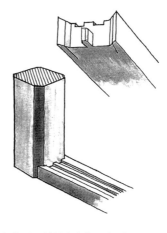

g 在敷居两端的底部锯上锯缝

是割背的楔子是朝木芯方向敲进去，而调整面皮的宽窄时，却得顺着年轮的圆周方向敲。借由敲进楔子，可顺利将表皮往外推，间接缩小面皮的宽度（e 图）。有关调整圆木的直径与面皮宽窄的做法，也可以在桁的直角或同方向顺接的接合处细部，看到同样的处理。

除了上述的情形，圆柱或面皮较大的柱子也会产生一般角柱所没有的问题，即在土墙连接柱子面皮的部位，也就是墙面收头的地方，土墙会形成尖锐的边缘，壁土也比较不容易附着，因而

容易在柱子与墙面间产生缝隙。为了解决这个问题，御幸御殿采用了上头缠绕着麻纤维（苎）的钉子，在柱子的接合处钉一整排，借以巩固土墙和柱子的连接（被称为散仕舞，f 图）。

另外，在御幸御殿的门槛两端，由于接合柱子的面皮处呈转角，因而门槛的内侧和外侧会较为凸出；因此，门槛的底部须由外向内锯出一道锯缝。这道锯缝可防止门槛两端凸出部位的根部向外产生裂痕。同时，还可以使其与柱子面皮部位接合紧密（g 图）。

68

铭木的诞生

树木在成长过程中，树干会长出一根又一根的分枝。在制作建材时，出现的节疤便是树枝的关节。特别是在制作圆木或面皮材的时候，树枝切除后所留下的痕迹实在很不美观，令人伤脑筋。现在，在林木的生产地盛行一种技法，称之为剪枝（日文称为枝打），它能有效解决这类困扰。所谓"剪枝"技术，便是将树木顶端长出来的主干留下，剪掉其余的部分，目的是为了让树干呈笔直成长，而不会越长越细。

经过剪枝的树干，其切除分枝所留下的痕迹，不久就会由年轮包覆，几年后外表几乎看不出有任何异状，制作建材时自然也少了许多碍眼的节疤（h图）。虽然自然的因素也会导致树枝枯折或断裂，而那些缺口同样也会慢慢为年轮所包覆，但是比起人工剪枝的方式，前者必须花上长年累月的时间才能抚平痕迹，树皮上留下的痕迹也较难修补完整。两者之间的差异有点儿像用利刃剁手指头与用钉子一类的东西割破表皮的分别，结果当然是不一样的。这样的形容，读者应该就不难理解了。

自然断落的树枝在树干上留下的痕迹，经过数年之后会慢慢由年轮包覆进去，但缺口的周围会稍为隆起，而中心部位则呈内凹状态，看起来宛如人的肚脐眼一样。不过，大家似乎宁可将它比作酒窝，所以一般都习惯以酒窝称之（i图）。在御幸御殿，尤其是一之间，使用了很多含有这种酒窝的圆木及面皮材，甚至仅在一块构件上就出现好几个酒窝。当然，这里所采用的酒窝形状自然不能太差。然而，要从天然生长的树木里头，挑出拥有这般条件的材料又岂是容易的事。因此，可以想见这样的设计乃是事先就考虑到的，而且是重要的设计概念之一。凭什么如此断言呢？那是因为我们找到了相关的证据：在一些面朝里侧、眼睛看不到的地方，例如柱子之类的构件上，根本看不到有任何的酒窝，甚至上头树枝的断痕还焕然如新呢！

h 剪枝的变化

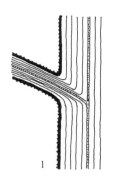 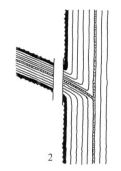 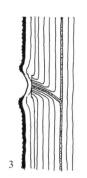 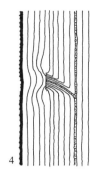

1　　　　　　2　　　　　　3　　　　　　4

1. 原始长有树枝的状态
2. 将树枝从根部切除
3. 2—3年后，切口慢慢由年轮所包覆，不过表面仍看得出痕迹
4. 5—10年后，表面上看不出剪枝的痕迹

i 酒窝　　　　　　　　j 绞　　　　　　　　k 削

再谈到御幸御殿的御寝之间，在它南面和北面的圆木形长押表面，遍布着涟漪般的细细折纹。这种纹路被称作绞（j 图），在今日同样被视为圆木材表面质感处理的特色之一而广受喜爱。绞痕的产生是不可预期的，在天然建材中是十分罕见的珍品，不过近年来，渐渐出现了人工制造的产品。当然，御幸御殿所采用的都是天然带有绞的圆木，不仅粗度可达合手的程度，在它长达两间半、大约 5 米的长度当中，几乎看不出线条有变细的情形。凡是懂木材的人都知道它价值非凡。

像这般具有独特风味、出现在圆木或面皮材上的酒窝和绞痕，被统一称作景色。从御座之间的设计来看，当时似乎并不是有意使用木材景色作为设计的主题。若以桂离宫之外的建筑物来看，真正开始懂得利用景色来装点室内氛围，也是 17 世纪中期以后的事了。如此一来，御幸御殿算是早期懂得善用木材景色的先驱建筑。而日本建筑开始讲求木纹之美和景色应用，同时学会使用国外引进的稀有木材（被称作唐木），也差不多是从此时开始盛行的。这样的趋势演变凸显了一个意义，那就是木头已不再单纯是建筑的结构材料，也是设计营造风格的一个重要因素。于是，所谓铭木[1]的概念便产生了。

位于御寝之间北面的圆木形长押，出现了数个被利刃削过的伤痕。这类瑕疵在其他房间的圆木形长押，或是一之间上段间的柱子、落挂（架在壁龛等处上方的横木）等处也看得到。而且每一个伤痕看起来都不像是剪枝所留下的痕迹。难得光滑平整的圆木表面，为何要刻意破坏呢，莫非是某人的恶作剧？其实，这种伤痕乃是用手斧刻意劈出来的刀痕，被称为削（k 图）。举一个年代较久远的例子，传说在由利休兴建的茶室妙喜庵待庵（京都府大山崎町），便可看到类似的技法。根据猜测，削的诞生，很可能是人们观察木头去枝后所留下的斧痕，认为这样也别有一番风味，于是便成为一种观赏的价值而流传下来。发展到后来，木匠师傅甚至会在原本没有分枝的地方刻意削出伤痕，当作塑造圆木和面皮材整体景色的一部分。

---

1 形状、材质、木纹特具奇趣的珍贵木材，经常用于壁龛柱子等强调装饰性的地方。

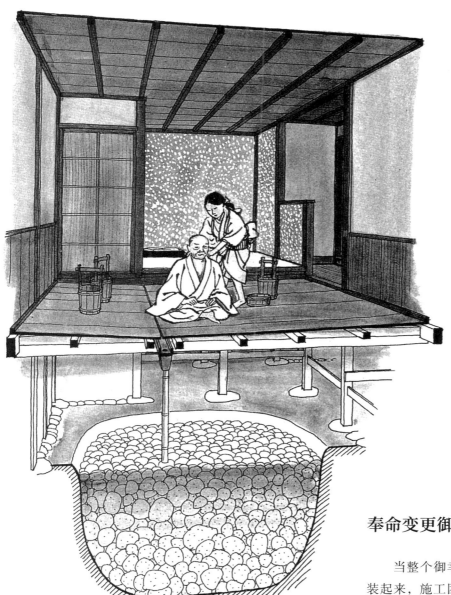

御汤殿

奉命变更御汤殿的设计

当整个御幸御殿的梁柱框架都已组装起来,施工团队突然面临一个小幅度的设计变更:原本应该设在紧邻御镜台之间西侧的御汤殿,由于亲王嫌空间不够大,便临时下令将御汤殿连同厕所一起搬到西边,呈现向外凸出之势。接到指示之后,木匠工头便火速进行平面图制作,加工赶制柱子等相关的构件。

工人在御汤殿正下方的地面,挖了一个直径约 2.4 米、深度达 1 米左右的碗形槽,里头紧紧塞满了卵石。这个设施主要是辅助流到地板下的洗澡水顺利渗入土中，这样的设计叫作水门。水门不仅出现在书院和御座之间的汤殿，凡是有排水需求的地方，几乎都少不了它。另外，在原本规划为御汤殿的位置，后来则设计成用于洗手、洗脸的御手水之间。

御汤殿的形态有别于一般浸泡在澡盆里的浴室设计。在御汤殿洗澡，必须穿着浴衣，将盛装在桶子里的热水直接浇到身上。在这一间半大小的正方形浴间，木地板铺成倾斜的角度，目的是让使用过的水集中到一处，并通过该处预留的细长缝隙顺利地流入地板下。

在木板间的北边，另外设置了一处铺着两叠榻榻米且地板略高的空间。这里是专门供上皇沐浴后更换浴衣的地方。

至于夹在御手水之间和御汤殿中间的厕所，则区分为大小便用的地方。大便所足足有一坪（3.3平方米）大，装潢得既舒适又豪华，铺着榻榻米，就连便盆都涂上了春庆涂的颜色。便盆下方的地板下，摆着一个抽屉式木箱，如厕时，可以铺上一层羽毛再使用。

在书院的西方加盖了一间御末之间。它的西侧向外凸出了一大块建筑物，那是铺设茅草顶的御台所。御台所有一间宽敞的土间，砌了好几个炉灶，旁边还设有调理专用的房间。

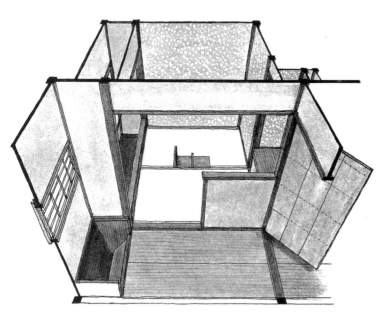

厕所。前面为小便所，后面是大便所

御台所

改造玄关和御座之间的部分设施

当御幸御殿的屋檐铺好、小屋组也组装完成时,工人便开始进行书院和御座之间的改造工程。

书院主要是改造北侧的玄关。目标是将原本只有简单的土间配上高一阶木地板的玄关,改建成铺设着四叠榻榻米的房间,在它前方设置同样高一阶的木地板,并称其为内玄关。在这四叠大的空间,两侧过去为土墙的部分已拆除,装上了杉木门的隔间。这里所使用的杉木门,乃是直接从京城的主宅拆下运来的,上头绘着五彩缤纷的祥鹤和瑞兔,西侧杉木门靠西边的那一面还绘制着猛虎。

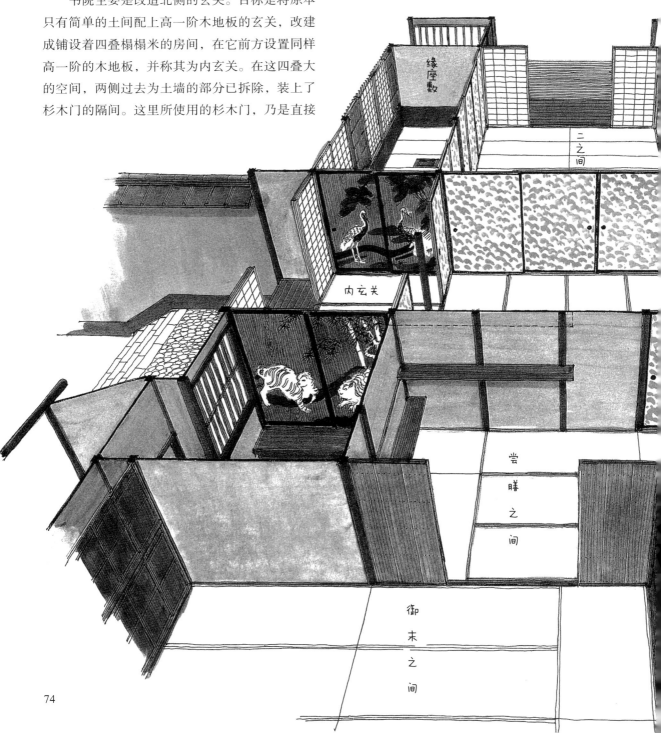

在新建台所的北方，另外设置了一座外玄关。从外玄关进入后，在抵达书院之前，须先经过一条长长的檐廊，然后推开内玄关西侧的杉木门才能进入。那幅猛虎画就出现在入口的正面。这个时期正好流行将老虎画在房子的玄关处，借以增添主人的气势。经过一番改造，原本散发着"瓜田里轻巧的茶屋"氛围的书院，摇身变成了气派十足的待客空间。

在御座之间的部分，则是将一之间西面的门扇拆掉，设计成二间宽的大型叠床[1]。同样地，在三之间的西面也打造了一间宽的叠床和铺着两叠榻榻米、天花板较低的小间[2]；因此，隔壁的茶汤所不得不当作小型储藏室来使用。

位于御座之间东侧和南侧的木地板走廊，原本是开放式设计，现在则改成入侧缘的形式，也就是在走廊的外侧筑起一道低矮的腰板壁，上方再加装木板门和纸拉门，然后在走廊上铺设榻榻米，便大功告成了。这一连串的改造无非是为了使御座之间显得更气派。当初兴建御座之间的目的，主要是为了用作亲王及其至亲好友轻松会面的场所，但若要接待后水尾上皇，原本那种不讲求格调、近似于开放性别墅的设计，就必须得彻底地改头换面。

---

1 铺榻榻米的壁龛。
2 小房间之意。

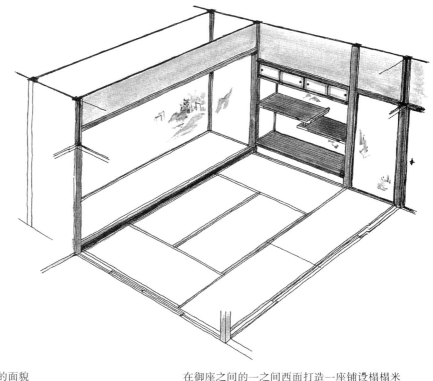

书院玄关改造后的面貌

在御座之间的一之间西面打造一座铺设榻榻米的壁龛

御幸御殿精彩落成

当御幸御殿的小屋组装起来后，接着就是钉上野垂木、架设横木铺底和铺上一片片柿板。同时，建筑物的下方也正进行着墁墙、铺榻榻米的工作；而拉门和木板门等装置组件也全都运到现场。

至于衔接御座之间的小型房间，则是由四叠大的缘座敷加上三叠大的仕舞之间，以及铺木地板的宽廊所组成。所谓仕舞之间，就是亲王进入御幸御殿前整理仪容的地方。这是一间封闭的房间，除了和缘座敷之间以襖障子分开外，其南面设有木地板式的壁龛，另外的两面墙则是裱壁墙（张付壁）。唯一可以通风之处，只有开在北边墙

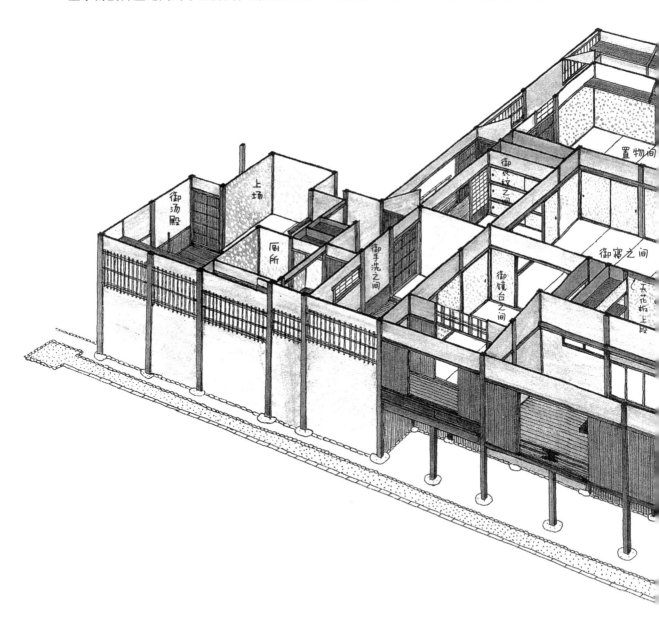

面靠西边的一扇小窗户而已。

裱壁墙和襖障子的部分，虽然采用和书院同样的散状桐花纹唐纸，不过花纹比书院来得细小，数量也相对较多。

襖障子上的五金把手，采用的是仿松叶折弯的形式。而在通往御座之间的出入口木门，则选用了仿市女笠（过去女商人所戴的菅茅或藤编的斗笠）外形的门把。说到这里，不知读者是否发现，这些装饰五金的设计又和御座之间所采用的形式很不一样。过去御座之间使用的都是一些几何图案，而现在采用的则偏向对具体事物的描绘。与这间衔接房间同时兴建的御幸御殿也出现了同样的情形。襖障子把手采用的是"月"字形的五金零件，长押上用来遮盖钉子的铁片则是具体的水仙花形。归根结底，从书院、御座之间到御幸御殿，建造时间都间隔了二十多年之久，难

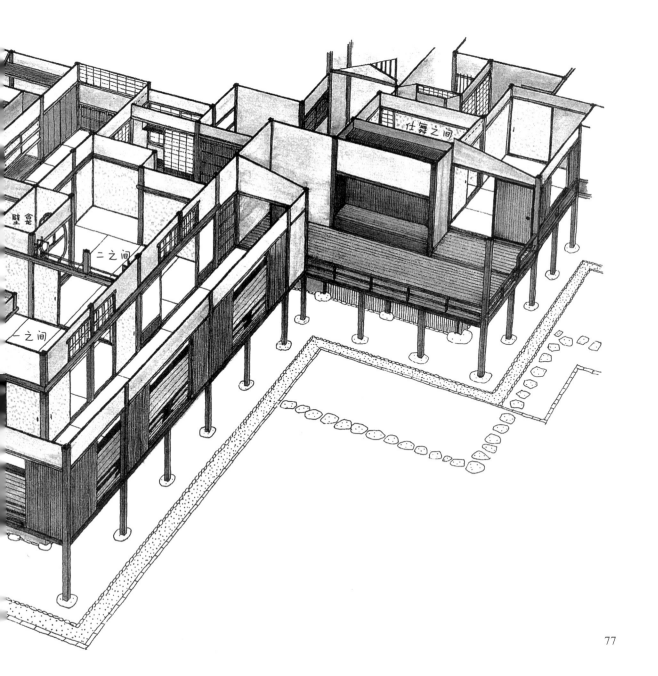

松叶折弯形的拉手　　市女笠形的门把手　　月字形拉手　　遮盖钉子的水仙花形铁片

春　　夏　　秋　　冬

插着四季花草的提桶形拉手

怪装饰五金的设计会有如此大的变化，而这些小小的配件也足以反映各自的年代。

　　打开缘座敷南边的杉木门，往下走两级，便来到南侧的宽廊。这里的空间十分阔绰，木地板宽可达 2 米左右，长约 7.2 米。从这儿可以欣赏南面庭园的景致。在宽廊的北侧，为了配合背后仕舞之间的壁龛设计，特别空出一块可能作为腰挂的空间。至于这项设施到底是不是腰挂，实际上并不清楚。或许是用来摆饰插花一类的罢了。

　　在宽廊南侧的西端，同样立着杉木门。门上的把手呈现提桶内插着草花的图案。正、反两面加起来共四个提桶，分别插着樱花、芒草、菊花和山茶花等植物，象征着四季的风情。推开杉木门，往南走便来到御幸御殿的折曲入侧缘。

　　所谓折曲入侧缘，是指宽度达一间的开阔走道，就在屋顶装饰天花（见 43 页）的下方，外侧围有栏杆，再往外则嵌着纸拉门。在这一间宽的幅度当中，特别在内侧的半间铺设榻榻米，外侧的半间采用木地板，使整个地板看起来更富于变化。不过，这么做不光是为求设计的巧思，据推断主要还是为了将上皇和亲王所走的通道，与其他闲杂人等区隔。即使是别墅的建筑物，仍要在

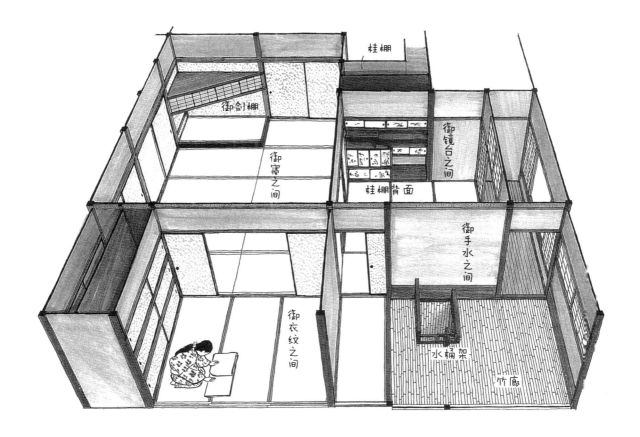

在一之间的两侧，安排了御寝之间、御镜台之间、御衣纹之间等私人房间

设计上强调身份地位。

御幸御殿的一之间有八叠榻榻米大，其西南角落特别将地板架高，做成上段间。上段间的大小共三叠，一部分空间朝西边凸出。一之间榻榻米的边缘统一是浅绿色，唯有上段间采用碎花的高丽缘（运用白底黑线菊花图案的布料制成榻榻米的边缘）。另外，上段间的天花板则与地板提高相反，向下压低了50厘米之多，做成格天井（利用窄板角材组成格子状，上方并覆上木板的一种天花板式样），并且涂上了漆。无论是架高的地板、低矮的天花板、缝上高丽缘的榻榻米或是格天井，均显示着这块空间与其他地方有所不同。简单地说，这里是后水尾上皇的宝座，专供他与亲王或其他人面谈时使用（见86页）。

从上段间的西面到南面，架设了立体式的违棚。这组违棚巧妙地改变了传统壁橱（附有门的橱柜）的形式和大小，搁板的高度也饶富变化，呈现更自由、活泼的组合样貌。其使用的材质以黑檀木和紫檀木为首，还包括红花杯、铁刀木、黑沉香木、槟榔树、红柞、唐桐等木材，可以说精华尽出。这组华丽的违棚被称为桂棚，名列日本三大名棚之一。其余两名则是醍醐寺三

从二之间往一之间看过去的模样，隔门的鸭居上方有个月字形的门顶窗。另外在右前方壁龛的侧面墙壁，则出现木瓜形的镂空造型

宝院宸殿的醍醐棚与修学院离宫中御茶屋客殿的霞棚。

在上段间的南边，顺着违棚连接过来的是付书院。所谓付书院，本来是阅读、写作的地方，所以备有当作桌子使用的木板，前方的墙壁还开了一扇窗。不过，这里主要的功能还是和违棚一样，只是上段间的一种装饰罢了。

位于一之间北侧的二之间，是铺设着九叠榻榻米、形状不方正的房间。在它的西南角落是一叠大小的壁龛，壁龛侧边的墙堵有一罕见的木瓜镂空造型。这很可能是亲王特别配合上皇的喜好所打造的。另外，在一之间和二之间的鸭居上方，虽然装设了门顶窗，样式却有所不同：只用几根横木条组成，样式十分简单。据说主要是在传达"月"这个字。

在一之间的西侧是上皇的专属寝室，被称为御寝之间。这个房间的东北角设有一叠大的壁龛，上方挂着一个三角形的柜子，专门用来收藏上皇

御幸御殿的折由入侧缘

的御剑。房间四个角的柱子上方，均安装用来垂挂蚊帐的五金零件。此外，房间的地板特别做了两层，中间塞满了稻壳，主要是为了预防地板下的寒气和湿气窜入。

在隔间墙的部分，可以分为张付壁和大阪土壁。这里的张付壁和隔间用的襖障子，裱的都是唐纸，花样则是小型散状的桐花纹，也就是采用和仕舞之间同一个范本来印刷。唯一不同的是，仕舞之间的唐纸事先均以贝壳烧成的白粉打底，再利用云母粉制成的颜料将图案压上去；而御寝之间却采用了两种不同的方式：一种是以白粉打底，然后使用黄土加云母粉的颜料将图案印上去；另一种是采用黄土打底，以云母粉来印图案。

另外，无论是桂棚还是御镜台之间里壁橱的小型拉门，上面绘饰的水墨画均出自狩野探幽之手。

智忠亲王辞世

工程进行至此，御幸御殿好不容易落成了，庭园的改造工程也已顺利完工。过去建造的御茶屋被全数拆除，重新打造五座新的御茶屋，分别取名为月波楼、松琴亭、笑意轩、赏花亭和竹林亭（今日已不复见）。根据推测，此时完成的庭园景观，大致就是今日我们所看到的模样。

*

也许是造化弄人，就在亲王受邀前往后水尾上皇的修学院山庄游览的三个月后，也就是宽文二年（1662）七月七日，智忠亲王突然撒手人寰，未能亲眼看到自己一手规划的御幸御殿落成。喔，不，说不定是兴筑御殿与庭园改造的计划才刚决定，而工程才开始没多久的时候亲王就过世了。

继承智忠亲王之位的稳仁亲王当时只有20岁。稳仁亲王乃是后水尾上皇的皇子，由于智忠亲王未生子嗣，所以收稳仁亲王为养子。然而，不幸的事却接连发生。翌年的八月二十二日，智忠亲王的王妃富子过世，而且同样事出突然。

不过，御幸御殿的营造工程仍持续进行着，

并未因为一连串的不幸而受延误。主要是因为在宽文三年的春天迎接后水尾上皇的到来是事前已经决定好的事；二来这也可以算是智忠亲王的遗愿。至于工程总指挥的工作，自然是由稳仁亲王来接手。

于是，在智忠亲王和富子双双过世未达一年的宽文三年三月，八条宫家上上下下在桂别业举行了隆重的迎接后水尾上皇的仪式。

后水尾上皇的出游计划

后水尾上皇的出游计划原本定在三月五日动身，但由于当天大雨滂沱，只好推迟到隔天的六日举行。当时，奉命同行的还有凤林承章，他把当天的盛况全都记录在《隔蓂记》中。书中记载：

前一天的雨停之后，隔天六日早上便出了太阳。承章用完早餐后，随即坐轿子出门。离开鹿苑寺后往南走，在七条通遇上了圣护院宫的銮舆。圣护院宫道宽法亲王乃是后水尾上皇的皇子，也是比稳仁亲王小4岁的弟弟。昨天的一场雨使得桂川河水暴涨。承章搭乘桂之渡横越到对岸，抵达桂别业时，发现上皇已经早一步驾临了。承章赶忙从外玄关进入，向上皇和稳仁亲王问安，并表达承蒙招待的谢意。当天的客人除了方才巧遇的圣护院宫道宽法亲王之外，还包括上皇的胞弟照高院道晃法亲王、上皇的皇女林丘寺光子内亲王、嫁入近卫家的常子内亲王、皇子大觉寺性真法亲王，以及御栉笥局、帅殿局等一干人，全都是上皇身边的近亲人等。

在参观过御幸御殿、改造后的书院及御座之间之后，除了上皇以外的人全都来到庭园散步。如今，为了迎接上皇的到来而重新改造的桂别业庭园，其尽善尽美的程度令人叹为观止。散布在庭园各个重要处所的御茶屋，各具不同的特色。在这里，主人还准备了点心和茶水招待客人。

在御殿内用过面食（由大麦粉或小麦粉所制成类似乌冬面般的面条）之后，一行人便一起搭乘楼船畅游桂川去了。但因前日雨后河水上涨，水流速度过快，加上风势强劲，大伙儿便匆匆下船，改到庭园的池塘乘船游玩。池塘一圈约有三町（约300米）。在游船的过程中，下人还端出点心招待，承章也即兴作诗。

一行人下船之后，改到御幸御殿用膳。在上皇和稳仁亲王的席位上，还有道晃法亲王和承章二人作陪。至于其他的皇族，则另辟一室由御栉笥局的人伺候他们吃饭。饭后还安排了点茶及吟诵连诗、连句[1]的余兴节目。

天黑之后，室内点起了烛台。此时，道晃和道宽法亲王、承章三人决定提前告辞，于是乘船渡过桂川，沿着七条通往大宫通方向走。沿途均有老百姓手持松明帮忙引路送行。待承章返抵鹿苑寺时，已经接近深夜十点钟了。想必这时候在桂别业里，众人还围

---

1 由数人轮流咏出和歌的上句和下句，使之连成一篇长歌。

上皇的鸾舆被抬上仕舞之间南边的宽廊，木作阶梯正是为了这一天而特别打造的

一之间装饰着桂棚的上段间,是后水尾上皇与他人会面的特殊场所

绕着上皇继续饮酒作乐直到深夜吧。

《源氏物语·松风》中提到,冷泉天皇曾写了一封信给当时在桂殿游玩的光源氏,信中以和歌吟咏了天皇对这块拥有明月照拂的桂之地山水的向往,并表明他多么羡慕光源氏。对于天皇的关切,光源氏写下答赠和歌由敕使带回:

"所谓桂之地山野近月光不过个传说,其实这里早晚皆笼罩着迷雾,少见放晴。主上(天皇)若能亲临桂之地,想必将是万里晴空、朗月高挂的好天气。"

而就在光源氏表达希望天皇能驾临桂地的七百年后,桂之地的好山好水终于等到上皇的莅临了。

明治时代初期,许多外国人曾经参访桂离宫

桂离宫的演变

同年的十一月,后水尾上皇再度驾临桂之地。两年后的宽文五年(1665),稳仁亲王于23岁英年早逝。接着,宽文九年的常照院、延宝六年(1678)的东福门院和后水尾上皇也相继去世。参观过这座由智仁、智忠父子打造的桂别业的人们一一离世,使得两位亲王的营建事迹,成了日本历史的传奇故事。在这段历史中,御殿的名称也逐渐改为今日大众所熟知的古书院、中书院、乐器之间和新御殿;过去的御座之间、御仕舞之间、御幸御殿等名称,则逐渐从人们的记忆里消失。

在稳仁亲王之后,凡继承八条宫家的皇子,几乎无一长寿。第六代的文仁亲王,便将桂别业改名为京极宫。那是元禄九年(1696)的事。自此以后,包括第七代的家仁亲王和第八代的公仁亲王在内,八条宫家连三代花了约七十年的时间,才再度把宫家繁荣起来,桂别业似乎也恢复了往常的用途。其中,活到65岁堪称长寿的家仁亲王最常使用桂别业,因此得以留下几篇记录。

不过,自从明和七年(1770)公仁亲王过世后,八条宫家足足有四十年后继无人。到了文化二年(1805),桂别业再度改名为桂宫,并由天皇的皇子继承八条宫家。奈何第九代、第十代仍是年幼夭折。到了文久二年(1862),终于由仁孝天皇的皇女淑子内亲王继承宫家,成为第十一代传人。在这当中,八条宫家几乎每一代都经历了相隔二十多年的空白,整个统计下来,大约有长达九十年的时间,八条宫家几乎处于无人当家的状态。

不过,即使是在无人当家期间,桂别业仍然设有看守管理人员,负责维持日常的管理与御殿建筑的保养维修工作。

第十一代淑子内亲王于明治十四年(1881)辞世,八条宫家再度面临后继无人的窘况,由于八条宫家的香火断绝,只好由宫内省[1]接手管理。当时,无论是建筑物本身还是庭园景观,似乎全都呈现残破不堪的景象,于是从明治二十年代到三十年代,宫内省在桂别业进行大规模的整修工程。在整修的过程之中,拆掉了已无利用价值的厨房,新建了今日所见的臣下控所(下属等待的空间)。根据分析,类似的改变应该包括其他建筑和庭园的一部分。

---

1 宫内省是主要掌管天皇、皇室及皇宫事务的机构,1947年改制为宫内府,1949年改制为今天的宫内厅。——编者注

桂离宫的评价

桂离宫从建造开始一直获得外界极高的评价，无论是王公贵族、各藩国大名还是僧侣，造访人数众多。其园内的池塘与御殿建筑之美，赢得众人一致盛赞。如此响亮的名声从江户时代中期一直到晚期，始终居高不坠，来自各方申请参观的人士，几乎未曾间断过。

举例来说，元禄年间（1688—1704），虽然八条宫家本身没有使用，别墅却经常外借给公卿[1]，其外借之频繁，俨然成了专门出租的宴会厅，甚至导致当时的京都所司代[2]特别下令禁止。

进入明治时代后，明治九年（1876）五月，当时的太政大臣三条实美曾经带领内务卿大久保利通和工部卿伊藤博文等政府高官至桂别业参观。同年的稍后，又有贵族和政府高官相继来访；到了十二月，则是皇后亲自驾临。翌年二月，连天皇都忍不住前来一睹美景。如此热烈造访的盛况道出了一个事实：在那个时代，日本人虽然一窝蜂地热衷于西方的先进文明，处处仿效欧美人的生活习惯，但对桂离宫的评价依然极高。

到了明治十一年（1878）举办第七届京都博览会时，桂别业的御殿中，摆上了传统的日常生活家具，向一般百姓公开展示。根据当时的活动记录，在博览会期间，每天都有千余名的参观者大排长龙等着参观。至此，庶民才普遍知道桂别业的存在，以及它所具有的珍贵价值。

另一方面，外国人的首次参观记录出现在明治五年（1872）六月，由工部省铁道寮安排他们所聘雇的外国人前往参观。在这之后，又出现了意大利公使与英国国会议员的参观记录。此外，

明治十二年（1879）九月，美利坚合众国的前总统格兰特（Ulysses Simpson Grant）也受邀来到桂别业。这些重要外宾之所以会参观此地，有些固然是个人的意愿（可能听过桂离宫的美名），但是根据判断，多数是日本的接待人士提出的建议。换句话说，当时的日本人在面对强势的欧美文化时，内心或许不禁会把代表本国文化的桂离宫建筑和庭园景观当作是堪与欧美文化匹敌的证据。

直到今天，桂离宫依然被视为传统日本建筑与庭园文化的象征。尤其是在与他国文化比较时，若要强调日本文化的特色与独树一帜的审美观，很难不提到桂离宫，它是最显而易见的代表了。身为典型的日本之美和象征日本文化精髓的桂离宫，它所赢得的好评几乎从明治时代直至今日都没改变过。

*

本书花了不少篇幅解说桂离宫的御殿建筑。相信各位读者已经对材料运用的讲究与设计的巧思有了基本的认识。不过，再多的文字和图片说明，仍无法具体展现桂离宫的美。因为桂离宫的美不在于每个小细节上近乎艺术的工艺表现，而在于整体的立体空间构成，需要实际用眼睛去看、去庭园走走，才能够真正领略它的魅力所在。

最后，且让我们依序了解今日的庭园与御茶屋的实际风貌吧！

---

1 在日本指大臣、大纳言、中纳言等三品以上的朝官和"参议"。
2 江户时代负责京都的警备、政务官吏。

桂离宫庭园导览

【桂垣】

从桂大桥沿着河川往北走，便可看见左手边有一排桂离宫的竹篱。这是将竹林的竹子于成长状态中刻意折弯后编制成的罕见篱笆，称之为桂垣。循着桂垣前行，不久便会发现道路往左弯，这里的篱笆和前面的不一样，属于竹穗垣，是用竹子的细梢和竹劈子编制而成的。再往前走一小段，便来到桂离宫的大门前。

这些篱笆看起来虽颇具桂离宫的风格，但实际上应该是在明治时代以后才出现的。而根据桂离宫古老的设计图显示，当初环绕在桂离宫周围的，不过是最普通的篱笆罢了。

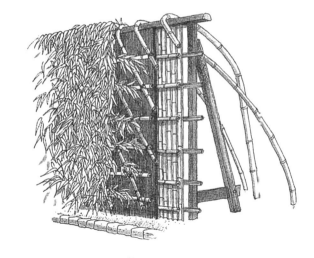

桂垣

【表门】

桂离宫的表门（大门）形式十分简单。先竖立两根圆木柱，再于上头安装对开的门扉即可。比较特殊的是，在它的两扇门扉与左右两边的围墙，采用的是由竹子串联而成的"木贼张"墙面，呈现出威风凛凛的样貌。

【御幸门】

踏进表门之后，朝南有一条碎石子路，走到底便来到了御幸门。御幸门采用的是茅草覆顶的切妻造[1]，两旁带有树皮的圆柱选用的则是栓皮栎木材。这种栓皮栎属于山毛榉的一种，树皮有一层丰厚的软木层，表面则凹凸不平。这种木材经常应用在庭园建筑或门柱。除此之外，在支柱上有手斧所留下的刀痕作为装饰，桁则采用带皮的柞树圆木，垂木部分使用的是苦竹，铺在山竹横木上用来打底的则是芦苇帘，最后再覆盖茅草。在门的部分，使用的是用竹劈子围成、一眼可以看穿的竹门。以上这些材料和运用方式，常见

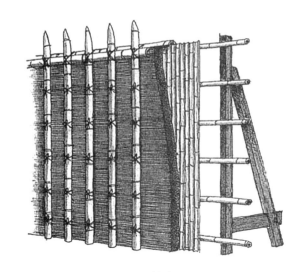

竹穗垣

---

1 两坡悬山顶式。

表门（大门）

御幸门

于一般民宅或茶室，但却与寺院和贵族宅邸的门有很大的不同。至于桂离宫园内多数的御茶屋和门这类的组件，采用的几乎都是和御幸门相同的材料。

进入御幸门之后，道路便往西南方向笔直延伸。人称御幸道的这条道路表面铺满了黑色的小石子（这种铺路手法被称作霰零し），道路中央略为隆起，目的是加强排水功能。

沿御幸道走到底，经过土桥后，便直通御殿的入口。根据推断，过去八条宫家自己人与受邀至桂别业的宾客，应该都是从御幸门进入，然后走御幸道通往月波楼西方的中门，再由古书院的御舆寄[1]登上御殿。

【中门】

中门同样也是采用简单的茅草覆顶切妻造，不过这里的圆木柱不带树皮，门也改成木板门扉。整体来说比御幸门略为正式。门内有片小小

---

1 停靠轿子的地方。

御幸道

的坪庭[1],周围环绕着古书院、臣下控所、围墙和树篱。整片坪庭由一层绿油油的青苔覆盖,中间有一条延段从中门通向御舆寄。这条延段是由花岗岩人工切石铺成的,传闻为"远州喜好的真飞石"。所谓"真飞石"的"真",指的是毛笔字体"真(楷)、行、草"中的"真"。相较于全部用自然石拼成或是用半自然石、半切石拼成的延段,这里指的是纯粹用人工切石拼制的步道。至于"远州喜好"的意思,则是指这种形式是由小堀远州设计的。不过,由于技术是会传承的,这条路是否为小堀远州本人所设计,我们无从确知。

真飞石的末端有四级石阶。拾级而上,会发现有个放鞋子用的石板,从这里可以登上檐下竹廊,进入御殿。这块地方正是所谓的御舆寄,也就是下轿之处;在其对面的假山上,矗立着一盏织部灯笼。

---

1 在建筑物内由隔间或围墙所环绕的迷你庭院。

御舆寄

露地门旧址的生込灯笼

【红叶马场】

从御幸道往西南方向走,途中会来到一条朝东南方的岔路,这条直线状道路同样铺着黑色小石子,被称为红叶马场。循着道路往东南方走,便来到池畔,道路在这儿中断,由此可望见对岸的松琴亭。传说这里原本有一座朱漆栏杆的渡桥,直接通往松琴亭。事实上,在两岸确实留有类似桥墩的石基座,若仔细对照当时的设计图,就会发现这个位置其实是一条从陆地延续出的道路。换句话说,古时候除了古书院前的大水池,另外在松琴亭的北边还有一座小池塘,且各自独立。

和现在的状况相比,过去大水池的岸边既开阔又舒适,而松琴亭前的池塘却是曲曲折折,不仅池畔用了许多石头造景,其巧夺天工的造型还令人眼睛一亮。如果说这两座池塘是分开建造,也就难怪彼此的风格会如此殊异了。

【露地】

由于通往松琴亭的道路被切断了,现在浏览庭园的行进路线,大多由通往红叶马场的途中向左转,经过御腰挂后,再利用松琴亭东边的石桥跨过大水池。设置这条步道(露地)的目的,亰

御腰挂

本是为了便于前往松琴亭背后的附属茶室。

从红叶马场左转,过去曾存在着一座露地门。在门的旧址内侧,如今还遗留着一盏用来照亮脚边的石灯笼。从露地的入口折往东边的方向,地上有一条由形形色色、各式材质的石头组成的飞石路。顺着飞石路走,不久便来到一个周围环绕着假山、视野有些封闭的小广场。在那儿,矗立着一座寄栋造[1]加覆茅草的御腰挂。

【御腰挂】

这座御腰挂是由柞树、橡树和栓皮栎等细圆木材搭建而成的雅致房舍。在屋顶装饰天花的

二重枡形手钵和旁边的生込灯笼

---

[1] 由大梁两端向四个角伸出斜梁的形式。

94

下方，设置了二间宽开放式的腰挂（长椅）。在屋子的北面备有砂雪隐（以自然石包围、里头铺着河沙的泥巴地厕所）。另外，在砂雪隐的斜前方设计了一座洗手钵，依照其外形取名为二重枡形[1]，旁边还立了一盏插入式的生込灯笼[2]。

御腰挂正前方的假山种植着传说由萨摩岛津家所致赠的铁树。对于这种来自南国的铁树会出现在桂离宫，很多人都感到惊讶，认为它破坏了庭园整体的协调性。唯在当时收集异国珍品算是贵族的一种乐趣，所以在以京都二条城二之丸庭园以及仙洞御所为代表的各地的著名庭园中都流行栽种铁树，并视之为珍宝。

【鼓之瀑】

御腰挂的正南方，铺着一条由人工切石与自然石交错拼制的延段。延段的尽头有一盏柱子深埋的石灯笼，步道在这里转向左边，并改为飞石路。循着这条飞石路走到半途有一座石桥，在它的下方小溪潺潺流过。这条小溪是特别由人工打造的，主要是为了营造纵谷的清溪意象。桥的上游方向有一条瀑布，并搭配了大、小两块石头的造景。瀑布的落差虽然不大，但传说因水声听来似鼓低鸣，因此称为鼓之瀑。

石桥旁边设置着一盏石灯笼，用来帮助夜晚过桥时看清楚眼前的路。石灯笼的柱顶略为鼓起，正面柱身的下方刻有类似佛像般的浮雕。这种形式的灯笼名为织部灯笼，据说是由本身也是一位茶道专家的大名古田织部发明，但属实与否不得而知。也有一说指称：织部灯笼柱顶鼓起、下方细长的形状，象征着十字架；而柱身的浮雕则代表耶稣基督或是马利亚的肖像，在过去基督教为禁教的时代，供信徒暗中膜拜之用。这个说法同样不可考。附带一提，在桂离宫庭园共有24座石灯笼，其中有7座是织部形状。

【沙洲】

走过石桥后，道路瞬间变成了下坡道，底端便是池畔。这里广布着圆形海石，范围延伸到水中央，成了不折不扣的沙洲景观。在沙洲最前端一块自然石的上方，岬灯笼和用来照亮脚边地面的置灯笼直接罩在中台上。在它的对面有一座由北向南延伸的天桥立。天桥立原本是指京都府宫津湾一条细长的沙嘴，因为是日本著名的三景之一而远近闻名。不过在此只是借用此名称来称呼这座连接两座植有松树的小岛的桥。换句话说，位于松琴亭前方的这块区域，乃是刻意营造出海边的景色。

【荒矶景观】

从沙洲的基部一直到松琴亭东边的石桥为止，这中间的海滨步道既漫长又呈现徐缓的弯曲起伏，既有石头林立的陡岸，也有单面依山的海边道路的景象。另外，在石桥的东边两条河流汇集的岬角处，散乱矗立着许多大大小小的岩石。这些模仿荒矶景观的石群所要表现的，正是在波涛汹涌的岩岸，那些岩盘处不断承受浪花淘冼、屹立不摇的岩群像。在桂离宫的庭园，这组造景石群可以说是最具震撼力的了！

【四腰挂】

在能够俯视这块荒矶的东边高地，建有一座四腰挂。参加松琴亭茶会的客人，中途退席后就可以在这里休息。四腰挂采用宝形造[3]茅葺屋顶，并以四根圆木柱来支撑，四面则为开放式设计。

1　即内外两层的升斗式造型。
2　生け込み灯籠是指没有基座，灯柱部分直接插入地下的石灯笼。——编者注
3　四面屋顶由中心以放射状延伸呈四角锤形。

山甲灯笼

沙洲与天桥立

石桥旁的织部灯笼

矗立在松琴亭东边仿照荒矶景观的石群

御腰挂延段南端的生込灯笼

四腰挂

一般将这类建筑称为亭。在正方形的泥地当中,长椅排成"卍"字形,因此也有人以万亭来称呼这座建筑物。

【松琴亭】

松琴亭乃桂离宫庭园最重要的一座建筑物。面向着北侧的池塘,十一叠大的一之间和六叠大的二之间呈东西并列;北面则刻意加深屋檐,做成土庇(有屋檐遮蔽的开放式泥地)。在二之间的南侧连接着茶室,再往南则排列着胜手之间、次之间、水屋之间三个房间。在胜手之间和次之间的南面,是铺设了木板的开放式空间,在中央的一块泥地上设置了一座炉灶。除此之外,这里还有地炉和搁板,以供简单的料理之用。

在屋顶方面,一之间、二之间和土庇,均使用茅草覆顶的入母屋造[1],而茶室葺的则是柿板。至于水屋之间和胜手之间,虽然现在看来采用的是栈瓦葺,但根据分析,最初使用的应该是柿板。另外,在柱子的部分,主要使用的是杉木的面皮材;墙壁则是大阪土。在桂离宫,无论建筑物还是土壁围墙,一律都是用大阪土来统一色调的。

在一之间的正面,搭建了一座宽一间的壁龛。在铺设了木地板的内部空间前方,是用杉木圆柱做成的边框。壁龛内侧的三面墙壁,则是由藏青色和白色交织成方格图案的张付壁,那是

---

1 屋顶上半段做成向两方倾斜,下半段则向四方倾斜的建筑形式。

松琴亭

以奉书纸[1]的白纸和染成蓝色的纸张交错裱贴而成。这种大胆创新的构想，很难让人相信它出自三百多年前的古人之手，以至于后人每每谈到桂离宫设计所代表的时尚性时，总忍不住要提起它。同样的图案也出现在一之间和二之间的襖障子上。

在壁龛西边有一块半间宽的空间，安装了上下组合式的壁橱。顶端的橱柜采用对开式的桐木门，门板的里外皆涂上了柿涩（从涩柿萃取的液体，涂在纸张或木材上可具防虫、防腐和着色等作用），再加敷一层透明漆便成为暗红色。门板上的银色拉手搭配门板的暗红色，与张付壁的藏

青色形成鲜明的对比，大幅增强了空间的色彩效果。当时的宫廷贵族习以绮丽这样的字眼来形容事物的极致之美，而松琴亭的此番配色，令我们不难想象何为绮丽之美了。

在一之间转角的西面，建有一叠大小的石炉，墙面上端做成顶橱。这座石炉的功能除了取暖之外，尚兼具烹饪用途；做好的菜只要放进顶橱，下方升腾的热气便能使之保温。顶橱小型拉门的表面，裱褙狩野探幽的画作，并附有结绳造型的把手。

在一之间和南侧次之间的分隔处，嵌入了一扇双槽推拉门，门上有杉木薄片细木材编织的草

---

[1] 用桑科植物纤维制造的一种较厚的高级日本白纸。

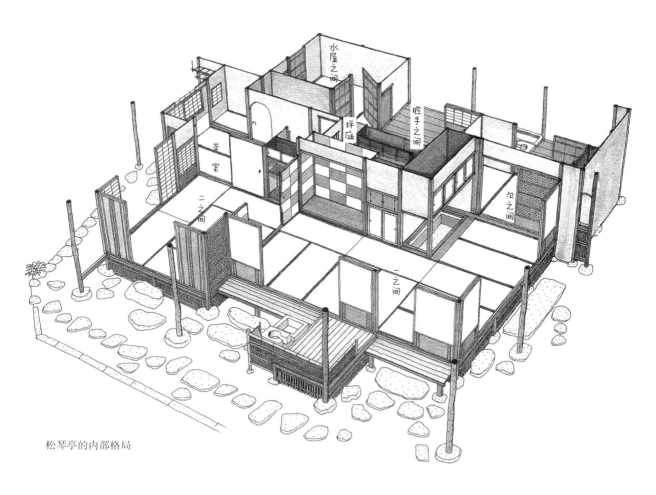

松琴亭的内部格局

席般花样。另外，在一之间和二之间分界的门顶窗位置，采用的是以山竹横木条压在纵向密布的麻梗上的形式。

在二之间南面靠西边的半间宽位置，设置了一座上端附有顶橱的违棚。在搁板上方的墙面，贴着和一之间同样染成蓝色的奉书纸，下方的土墙则是开了一扇葫芦形下地窗（未抹上壁土、可直接看到墙壁底层结构的窗户。这种刻意外露的壁面结构，未必与真正藏在表层涂料下的形式完全一致）。这扇下地窗成了南侧茶室采光的窗户之一。顶橱的把手是海螺的形状，其中心点则为青瓷色的珐琅样式。

除此之外，在二之间东面靠南边的位置开了一扇窗户。在这扇窗的墙腰处，杂木细树枝纵向排列得密密麻麻。由于每一根小树枝的颜色都不尽相同，因此也可算是一项绮丽的设计。

如上所述，松琴亭的室内空间除了拥有面皮柱、土墙这类草庵风格的构成要素外，各种独具匠心的造型与色彩变化使它同时具有空间装饰的作用。这样的建筑在日本历史上可说前所未有。而除了松琴亭之外，包括月波楼、笑意轩、中书院或是新御殿等，都可归属为同一类型。换句话说，从松琴亭的室内装潢风格便可看出，桂离宫建筑最重要的特色就是装饰性。

在一之间和二之间的北侧与西侧，皆设计成地上铺满碎石子的土庇。这里的柱子和桁使用的是栓皮栎和橡树的材质。特别是在一之间的北侧设有炉灶、水屋（用水的地方，铺竹地板方便

松琴亭码头边的生込灯笼

水顺利流到地板下)和搁板的木地板,凸出于土庇的范围。这样的构造被称为灶构。以松琴亭为例,建筑物的背后都设有炉灶,故据此判断,正面的这套灶构应该只是徒具形式而已;否则,便是屋后的设备是后世才增建的,当初使用的是正面的这套灶构。无论如何,炉灶向来都是藏在屋后,而不是用来充场面的。设计者刻意将它放在松琴亭的正面,很可能是为了营造山中隐士居所的草庵风情,这也间接形成了御茶屋这种建筑的特色。

　　松琴亭的西边有一个码头,岸边排放着切石,还有可供登上土堤的飞石,旁边还矗立着一盏石灯笼。今日,桂离宫以回游式庭园的特色而著称,然而在过去,当它只是八条宫家的一座别墅时,人们利用步道游览庭园风光的频率,恐怕还不如在船上吟诗奏乐、优哉往来于各个御茶屋之间的频率高呢!为了顺应需求,除了在松琴亭西边设置码头外,就连古书院赏月露台的前方、月波楼的东边、赏花亭下方,乃至于笑意轩的北边,都分别设有乘船码头。除此之外,为了方便船只在池塘里自由移动,凡是主要的渡桥都必须做成拱桥的形式。

【赏花亭】

循着松琴亭西边的飞石路往南走，右手边有一座土桥，由此可横跨到名为大山岛的大型池中岛（见101页）。跨过土桥后，道路顿时变为陡急的上坡路。由一块块飞石铺成的山路，四周因环绕着杉木丛而略显阴暗，整体给人一种山巅狭道的印象。到了山腰的位置，道路略向左偏，同时向上爬坡，不久便抵达赏花亭的下方。在爬山的过程中，可能会以为自己已经爬很高了，再由树林缝隙往下瞧，更觉得古书院前的中岛和拱桥十分渺小，但实际上，这座山与地面的落差仅6米而已。此时，游客不免对这种利用局促空间创造庭园雄伟壮观形象的手法赞叹不已。

赏花亭是一座顶覆茅草的切妻造建筑。内部由四叠榻榻米铺成"コ"字形，中央空出来的一坪（两叠榻榻米宽）空间则做成泥地。其正面和单边侧面采取开放式设计，另外两面的土墙则分别大刺刺地开了一扇下地窗和竹子连子窗（在直条上钉上横条的格子窗），使之呈现开放的空间感。在泥地的一个角落筑有一座石炉，后方还备有水屋。想必是以岭上茶馆作为设计的趣味，供访客在榻榻米上歇歇脚、喝杯茶吧。

赏花亭

102

园林堂

【园林堂】

顺着赏花亭北面的坡道下山，有一座土桥可以横渡到对岸，而御殿建筑群便紧临对岸。我们不过这座土桥，改为沿着山脚下的道路往左走，来到园林堂的北边。这座园林堂乃是一座佛堂，设计采用的造型是宝形造加上本瓦葺[1]。正面安装有唐破风造型（屋顶做成反宇式的弧形曲线）的向拜（正面中央向外凸出的部分，用来膜拜神明的地方）。采用本瓦葺屋顶的建筑物，在桂离宫仅此一座。相较于屋顶葺茅草或是柿板的建筑物，本瓦葺虽然给人一种严肃呆板的印象，但也由于鼓起的屋顶线条较为柔和，反而比较能和周遭的氛围融合在一起。园林堂除了供奉一尊观音象外，还容纳了八条宫家历代的祖先牌位与画像。不过到了明治时代，这些牌位移往他处安置，现在堂内空无一物。

向拜的前方设置了两座石灯笼，旁边还有个木瓜造型的洗手钵。为了防止雨水顺着屋檐滴落时会逐渐下侵地面，在地面上密密麻麻地铺满平滑的黑色小石子。在这道防雨滴的黑色石子路的一角，正方形的人工切石一块块从斜侧方向以飞石形态横切过来。黑色石子路的静态与飞石的动态相互呼应，构成了一幅令人情绪紧绷的画面。

---

[1] 丸瓦和平瓦交替使用葺成的屋顶。

园林堂侧旁的飞石

赏花亭下的水萤灯笼

【雪见灯笼】

走过园林堂正前方的土桥后,便是一条向西延伸的笔直道路,名为梅之马场。在紧临土桥的西边、梅之马场的南边地面上,设置着一座雪见灯笼。所谓的雪见灯笼,指的是在灯膛的上方顶着一个大大的笠状石头,底下的柱子则变身成三至四个柱脚的灯笼形式。这里的雪见灯笼除了基本的笠石帽和灯膛(点火的地方)外,它的中台呈六角形、柱脚则有四根。从整体造型来看,上下重心颇为均衡,感觉也比较稳重。

梅之马场的雪见灯笼

【笑意轩】

在梅之马场的南侧，池塘变得像沟渠一样深，而笑意轩以面朝北方的姿态坐落在池塘对岸。笑意轩的前方是一道土堤，顺着五级石阶而下，岸边便是由人工切石做成护岸的乘船码头。码头的灯笼位在护岸的最东边，其身影几乎整个埋进草堆中。灯笼采用的是最简单的形式，即箱形灯膛加上一块有如箱形盖般的笠石帽，仅此而已。在灯膛的侧面则分别凿有圆形、月牙和四方形的洞，其中，圆形代表太阳，月牙代表月亮，四角形则象征着星星，故这座灯笼被称为三光灯笼。

笑意轩是一座茅草覆顶的寄栋造建筑。其中有三面屋顶加盖了柿板的屋檐。而在东面，有一间向外凸出的柿板房。关于内部空间的配置，以中之间、口之间、次之间三个房间为中心，西侧有膳组之间和胜手口，东侧外凸的部分则隔成一之间、置物间和厕所。在口之间的东侧和北侧均环绕着深檐式的土庇。

说到一之间，乃是一间形同茶室般三叠大小的窄房。天花板很低，采用杉木薄板编织的草席般花样。在东面和南面各有铺榻榻米的壁龛和付书院。在北面的土墙下方，则别具一格地开了一扇横条式的下地窗。

在中之间、次之间和口之间的隔间部分，统一安装了襖障子；不过襖障子的上方采用开放式

笑意轩

105

笑意轩露地门旧址的三角灯笼

笑意轩码头边的三光灯笼

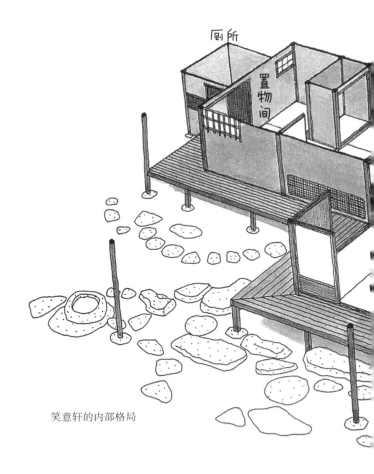

笑意轩的内部格局

门顶窗,且天花板特别做成三间相连的竿缘天井。中之间的南面设计成一大片连接着低矮腰壁付的窗户。在腰壁付部分,出现了有别于以往的新创意,那就是将丝绒布与金箔组合的装饰手法。在一片藏青色和胭脂色交错的方格图案丝绒布上,以极度倾斜的角度用贴金箔的方式将它横切成两段。这样的新式设计和松琴亭那白色配藏青的方格图案张付壁,直到今天依然令人感到十分新鲜。不过有记录显示,这并非最初的设计,而是后来裱糊的丝绒布遭到虫蛀,这才将该部位切割下来,改贴金箔的。

此外,在次之间的北侧设有灶构。在口之间北面的上方窄壁,则排列着六扇圆形的下地窗。这已成为笑意轩的必看之处。关于襖障子的把手,选用的是船桨的造型;至于口之间东面杉木门的把手则是箭形。尽管设计者在选择笑意轩的五金零件时,想法和建松琴亭时很接近,但实际上,笑意轩的把手形式没有足够的地方放手指,使用起来非常不顺手。也就是说,当只注意到造型的好坏时,相对地就会降低实用性。而在笑意轩,这样的情形并不仅止于把手的设计,整体都有类似的倾向。例如,从外表来看,这栋建筑物无论是屋顶还是墙面的构造都富于变化,整体看来也显得四平八稳,颇为气派;然而实际上,内部房间的运用很不灵活,就连墙上裱裙的丝绒布及窄壁的圆形窗,也只考虑到外在视觉的美观,而不顾及使用者心灵的安适与否。

由此种种迹象看来,笑意轩兴建的年代很可能比松琴亭稍晚,或者,也有可能经过后来一番彻底改造,才有今日笑意轩的模样。

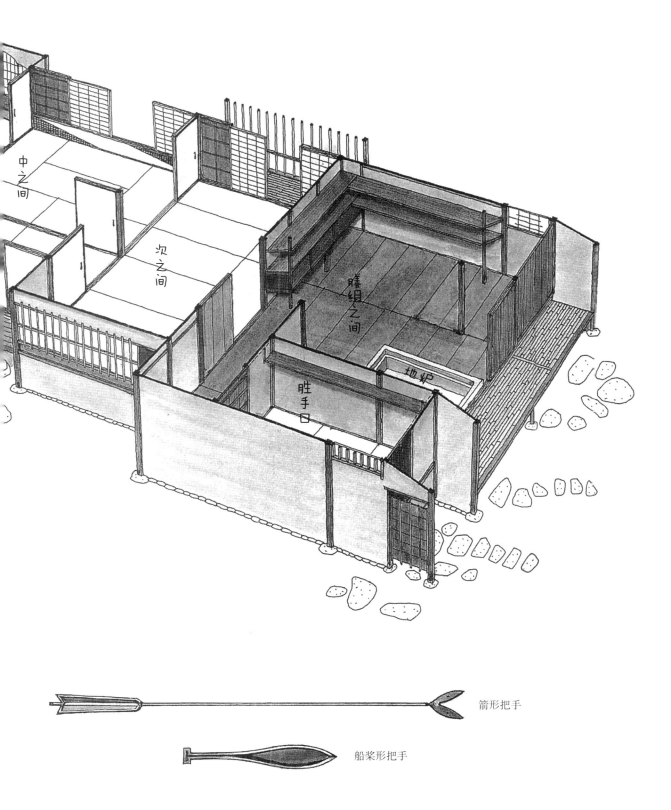

箭形把手

船桨形把手

107

月波楼

【由御殿前方通往月波楼】

从笑意轩前往月波楼,得折回梅之马场的雪见灯笼处,再由那儿循着往北走的道路。走到地面全是棱角已然磨圆的自然石的延段,便可以从两侧的树林间看见整个御殿建筑群的风貌。由右至左分别是:古书院、中书院、乐器之间和新御殿。这几栋建筑物以错落曲折的形态相连,从平面来看,每一栋之间都有些许重叠的地方,并呈斜向的连续配置。因为整体形状有如雁群飞翔的排列,故以雁行形来称呼(见2—3页与82—83页图)。

古书院的位置就在比中书院和新御殿略高一点儿的地方。它的周围有一面坡度和缓的斜坡,上面布满了茂密的青苔,其中有数条飞石路向外延伸。另一方面,在乐器之间和新御殿的南方,则是一片平坦的草地。在草地和青苔地的交界处,埋设了长方形的瓦片作为区隔。据说这块草地就是宫家进行蹴鞠活动的地点,而在它的南方,由一大片树林环绕、呈东西走向的细长形草地则是射箭场。

沿着古书院东边的飞石和延段往北走,便会来到古书院北方的一片假山形高地;这儿兴建了一座月波楼。

月波楼,乃是由一之间、中之间、口之间三个房间,外加一间土间所组成的。一之间设有壁龛和付书院;中之间则采开放式设计,其北侧和东侧均附有竹廊。而位于南方的通风式土间,既是月波楼的入口,也是前往一之间和中之间的通道。土间偏西的一半空间铺设木地板,上头设置

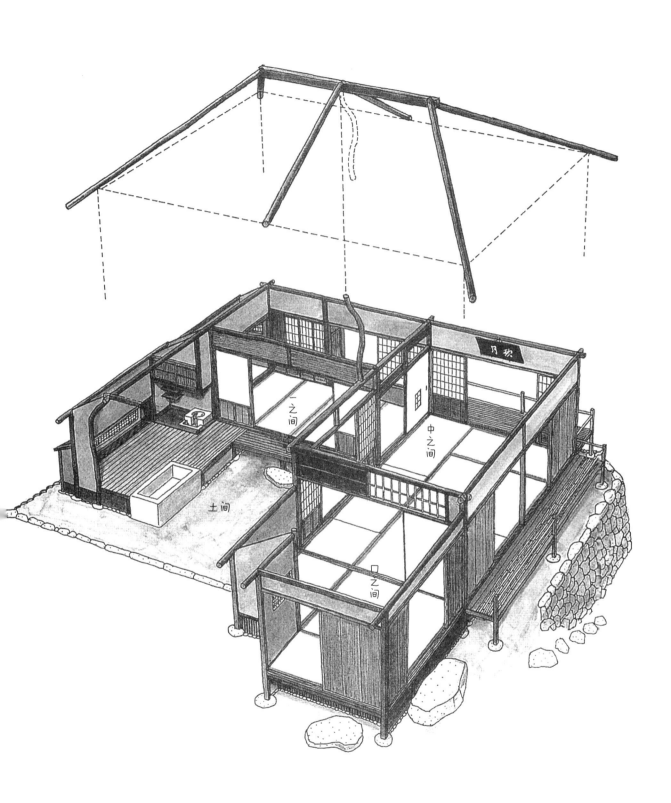

月波楼笼罩在轻质屋顶下，呈开放式空间

了地炉、炉灶、水屋、搁板等灶构。和松琴亭一样，这里的灶构同样在建筑物外侧的显眼处。

在月波楼，唯独一之间安装了天花板，其他空间均采用通风式设计。月波楼的外形略呈包覆着内部设施的鼓起式寄栋造，上头则罩着柿板屋顶。基于以上缘故，即使屋内有纸拉门和隔屏作为隔间，户外的空气还是可以从土间流进中之间，并且通过开放式的门顶窗顺利进入一之间和口之间。因此，月波楼可说是一座适合避暑的御茶屋。

若是站在土间里头往上瞧，可以看见整个寄栋式屋顶的内部结构宛如一艘船只的底部。那是以竹制垂木和横木，加上芦苇帘铺底的屋顶装饰天花。用来支撑脊槫的短柱，仅仅只有中央的那一根，而且这根短柱又细又弯，乍看之下，以为整座屋顶只靠这一根弱不禁风的短柱支撑着。实际上，屋顶的重量也分散到隅木和竹制垂木上，只是从外观看来，给人一种屋顶好像轻得悬在空中的印象。这般出色的建筑技法，在桂离宫可说颇具代表性。

顺着月波楼西边以自然石铺成的台阶走下去，便会来到一块由古书院和臣下控所等建筑围绕的坪庭。其右手边有个中门，中门的前端连接着御幸道。巡游至此，可以算是整整环绕庭园一圈了！

【桂离宫美的基调】

经历方才一番神游后，暂且在此与桂离宫的庭园美景告别，而把焦点转回庭园正中央的御殿建筑群，作为临别的最后一瞥。

仔细观察这几栋呈雁行排列的建筑物，可发现它们的构造真的很巧妙。

首先，屋顶全是由稍微鼓起的外形加上柿板组成的。相对于古书院入母屋造的山墙面朝东方的方式，中书院和新御殿的山墙却是面对着南方

的。另外，盖在中书院和新御殿之间的乐器之间，屋顶较小，也无法在南面设置美丽的山墙，因此只能就屋顶的串连方式予以变化。

若从屋顶下方的立面来看，古书院东侧和南侧的檐廊深处均安装着门窗，间接营造檐下走廊浓荫的氛围。反观中书院，却是在走廊的外侧安装纸拉门，因而显得它的走廊较窄，光线也比较亮。从这条走廊拐个弯即可到达乐器之间，但是随即就连接到南侧的宽廊，变成既宽敞通风、檐荫又深的形式。而到了新御殿的范围，才又恢复成半透明纸拉门。

关于地板下的收尾，古书院采用的方式是将外侧柱子的墙面饰以白色的石灰粉刷，使之呈现有别于深檐的亮面。中书院的做法却恰恰相反，反而将地板下的墙面往内退半间距离，使地板下自然出现阴影，以求和上方纸拉门的亮面形成对比。

至于御殿建筑群的外观，乃是在雁行排列的原则下，无论是屋顶的造型、高度、门窗形式还是地板高度等，都力求变化，乃至最后达成总体外观充满着韵律感，宛如一曲轻快乐章的具体化身。

正如前面所介绍的，这组御殿建筑群乃是历经智仁与智忠亲王二人三次的营造工程始得今日的规模。光是从古书院的成立到新御殿的诞生，中间就相隔了大约五十年之久。其中，部分还是后来改建时才加进去的。尽管如此，整个御殿群组看起来却是如此协调，仿佛从头到尾只经一人之手，简直就像完整的一组作品。这又是为什么呢？

原因之一，在于内法制与木割法（见121页）的共通性。意思就是，从古书院到新御殿，建筑物的基本架构始终遵循着相同的尺寸原则。不管是松木或杉木的柱子、桁，或是石灰粉刷或抹上颜料土的墙壁，乃至屋顶上花柏木的柿板等——全

111

都使用相同的材料营造出统一的质感和色调，自然对整体的协调性大有帮助。

关于这些建材的尺寸和材料的选择，并非由亲王或木匠工头从众多选择当中依照设计意图来挑选，而是依据当时流行的准则来决定的。换句话说，御殿建筑群华美的基调，并非来自某种特定性格的展现，而是代表着该时代宫廷文化的一种生活情趣，或者说是感性吧！

关于御殿建筑群体中充满动感的建筑形态变化，前面的说明是不够的。我们必须了解，凡是曾经参与兴建工程的不同时代的人，都是在尊重前人设计理念的前提下，再设法增建或进行改

造,并且尽可能在新建部分的造型上发挥创意,这才呈现今日的成果。

当然,桂离宫的价值不仅来自御殿建筑群的美,其价值还包括松琴亭等建筑、庭园植栽、游园步道、造景石群、石灯笼和洗手钵等各种构成要件的造型精美,以及由这些要素融会成整体的精致处理。整个桂离宫可说是以江户时代初期宫廷文化的感性为基调,由各个时代的参与者跨越时空的阻隔,努力追求设计协调性所完成的一件作品。

因此,桂离宫成为代表日本文化的杰作之一。

解说：桂离宫御殿的构思与施工技法

斋藤英俊

有关桂离宫的创建者八条宫智仁亲王和智忠亲王究竟是什么样的人，他们是基于什么原因在桂地兴建这座别墅，桂离宫的命运又在之后的年代有着什么样的变迁，这些内容本书已陆续介绍过。另外，关于桂离宫御殿的营造工程是经由怎样的工序具体实施的，它所使用的材料、技法和设计理念又是如何，本书也有具体的说明。尤其是建筑技法的部分，还特别以大篇幅详细地解说。不仅告诉读者建筑物的屋檐和屋架是如何组成的，包括设计图、内法制、番付、着色、光付、外鼓式屋顶、柿板葺、墙壁的构造及颜料土的使用、天花板的安装方法、面皮材的割背技巧、唐纸及门窗的制作方法在内的各式各样的施工技法也都加以讨论。

实际上，这些技法有些直到日本明治或大正时代，甚至到近年为止，都还沿用。不过，由于现代人的住宅观念和生活方式已经和从前大不相同，加上房屋的构造、建材以及所使用的机械和工具也已大幅革新，所以除非是特意兴建传统式建筑，否则这些传统技法几乎都派不上用场了。因此，即使是以设计或兴建住宅为职业的专业建筑师和木匠师傅，也不见得知道这些技法；就连专业建筑书籍也未必涵盖全部知识。

对于想要了解桂离宫御殿，或者是想了解日本传统住宅的人来说，确实有必要对这类建筑技法有基本的认识。只是这些技法光从建筑物外观是看不出来的，如果没有机会进到屋架里头，把组件一一拆解下来，那根本无从了解。基于这些因素，本书特别以图文方式具体呈现这些专门的施工技法，这也成为本书的特色。

与其他建筑物相比，这些出现在桂离宫御殿，或是庭园之御茶屋的设计创意或技法究竟有何特色？这样的特色是桂离宫独有的吗？那些创意和技法在历史上是从何时开始的？接下来，我们就针对几项重点，分别从有关式样与设计创意，以及木作技术两方面来说明。

◇ 有关式样与设计创意的部分

· 书院造

日本江户时代初期，当桂离宫的古书院和中书院陆续落成之际，当时最宏伟的住宅就是德川将军府的江户城及二条城御殿，或者是由第二代将军秀忠打造的大城御殿。此外，各地大名在其领地兴建的宅邸或是位于江户的别邸，虽然没有将军的御殿来得气派，但也都非常讲究且豪迈大方。另一方面，天皇、上皇、女院[1]、亲王的御所也在江户幕府的规划下盖得宏伟壮观。甚至是宫家或上流公家[2]的宅邸、门迹寺院[3]或权势较大的宗派寺院等，也纷纷兴建豪华的御殿。

当时，这些上层阶级的豪宅，最主要的建筑式样就是所谓的书院造。书院造是由平安时代的贵族住宅寝殿造发展而来的，历经中世的蓬勃发展与演变后，于桃山时代至江户时代初期确定了形式。现存的书院造建筑较具代表性，且与古书院和中书院属于同一时代者，便是庆长八年（1603）兴建、宽永三年（1626）改建的二条城二之丸御殿，以及建于元和四年（1618）、宽永十年（1633）改建的西本愿寺书院。这些书院造和桂离宫的御殿有何不同之处？且让我们以桂离宫御殿和二条城二之丸御殿的大广间来具体地比较其间的差异。

· 构造与规模

二条城二之丸御殿的大广间，由大小共五间榻榻米房、铺木地板的置物间、环绕着铺木地板

1　对天皇的生母及公主的尊称。
2　三品以上的朝臣公卿。
3　由贵族出身的佛门子弟所继承的寺院。

的回廊（入侧缘）组成。在房屋的外侧安装着雨户（经演变成为现在下半截镶木板的腰障子），而木地板回廊与各房间的分隔处则由舞良户与明障子组成；至于各房间的隔间，不是采取襖障子，就是做成张付壁的形式。柱子部分采用的是四角柱，下方安置础石；在脚下的高度架设横档，柱头则以桁与梁加以固定，柱子中间另以长押来串联。此外，室内空间均装设天花板，房间周围环绕着一圈垂木形成屋檐，屋顶采用的是入母屋造加柿板葺（如今已改为本瓦葺）的形式。

上述的基本构造虽然和桂离宫御殿并无不同，但大广间的面积却足足有东西 26.6 米、南北 29.5 米，规模是桂离宫中书院的近十倍。而且，桂离宫御殿的房间顶多只有八叠或十叠大，大广间的房间面积却可达四十八或四十四叠之宽广。若论天花板的高度，中书院和大广间相比，各为 2.5 米对 4.2 米；屋脊的高度则为 7.3 米对 16.6 米。可以说尺寸相差极为悬殊。这样的规模差距也出现在各个组件的尺寸上。例如柱子的粗度为 12 厘米对 30 厘米。总而言之，相对于大广间的雄伟豪迈，桂离宫御殿可用纤细风雅来形容。这两栋建筑物之所以会有如此大的差异，主要是因为，二条城二之丸御殿是幕府将军在京都的宅邸，加上大广间又是二条城举行重要仪式的地方，其地位的重要自然不在话下。相对地，桂离宫却是宫家私人使用的度假别墅，两者在属性上自是天差地别。一般来说，对外公开举行仪式的建筑，规模原本就比较大，而对内作为日常生活起居使用的建筑，就会盖得比较小。即使同样位于二条城二之丸御殿里，作为将军御座之间的白书院，和大广间相比就小了很多。尽管如此，比起桂离宫御殿，白书院的面积还是整整大了一

115

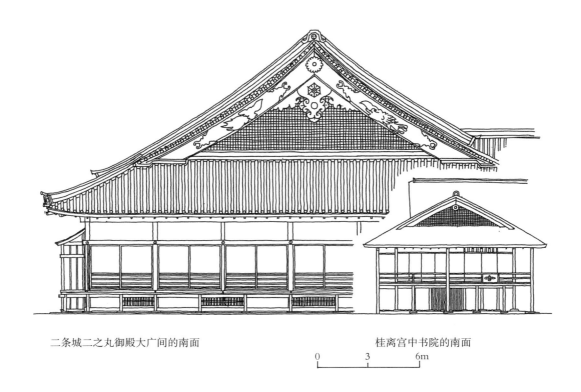

二条城二之丸御殿大广间的南面　　　　　　桂离宫中书院的南面

号。虽说八叠榻榻米的房间配上四寸的角柱，就现代眼光看来已算是不错的住宅了，可是在江户时代初期，都只能算是巧致型的小规模建筑物。

· 草庵风的构成要素

桂离宫的建筑物，无论是在柱子或桁这些部位的结构材料，还是作为敷居、鸭居的造饰材料，采用的木材种类都十分多样；从松木、杉木到枞木都有，而且全都漆成黑色。另外，除了在柱子或桁等部位采用圆木或面皮材来制作之外，大量地运用竹子也着实令人注目，例如竹廊、窗棂、天花板吊木等。至于墙壁的部分，虽然今天看到的是以石灰粉刷或是抹上大阪土，可是在创建之时，却是一律涂成橙黄色的大阪土墙面。

而在二条城的大广间，不分柱子、桁、门槛、鸭居等部位，皆统一使用桧木制成的去芯材。在装饰材上，既未使用圆木或面皮材，也不见竹子。室内的墙壁采用的是金壁画（在压上金箔的表面以鲜艳的浓彩来作画）裱褙而成的裱壁墙，周围的壁面则以石灰粉刷，全然看不到颜料土的墙面。此外古书院和中书院省略的长押，在二条城的大广间处处可见。在屋顶部分，虽然桂离宫的御殿和二条城的大广间同样采用入母屋造的柿板葺形式，但相对于前者屋顶的外鼓式造型，后者是采用反字式。

综合以上所述，这两栋建筑物的不同之处很多，整体营造出来的效果也大相径庭。以下试着罗列两者主要的不同点，借此理出桂离宫御殿的特征：

1. 规模小、造型精巧。
2. 主要采用松木或杉木之类的材料，而不使用桧木。另外也积极应用竹子。

3.凡木材组件一律上色。

4.运用圆木材或面皮材当装饰材。

5.省略装饰桥木（长押）。

6.采用颜料土来粉饰墙面。

7.采外鼓式屋顶。

至于二条城大广间的特色，只要就上述特点予以反向思考即可。以二条城的黑书院、白书院以及西本愿寺书院为首，包括现在已不存在的江户城或大阪城的御殿、各地诸侯的御殿、公家或寺院的宅邸等，众多属于当时上流阶级的住宅建筑，都可以从中看到类似二条城大广间所具有的特色。

相对地，具有上述1—7项特色的建筑物也不少，主要都是类似桂离宫的别墅建筑。偶尔也会出现在武家或公家宅邸的主屋之后方，其目的是作为私人休息或娱乐之使用。

· 草庵风书院

像桂离宫御殿这样的建筑物，一般被称为数寄屋风书院或数寄屋造。但是我并不打算用这个名词，主要是因为这个名词的解释因人而异，使得它的定义变得既模糊又混乱。另一个因素是，数寄屋指的是草庵茶室。因此，所谓的数寄屋风书院或是数寄屋造应该是采取草庵茶室风格的书院或是受到草庵茶室的影响所建造的书院。但如同我在后面介绍的一样，这种建筑物乃是撷取中世（镰仓、室町时代）草庵的构成要素兴建而成的。为它冠上一个看似与茶室脱不了关系的名词，很容易造成误解。

所以，我宁可把桂离宫御殿的建筑称为草庵风书院，因为从建筑的式样来说，它仍属于书院造，但又具备了上述七点草庵构成要素的特征。这里所说的草庵，指的是中世的隐士遁隐山林，或者有人选择离群索居，在山中、海边盖一间可供遮风避雨的简单房舍之意。

所谓的遁隐，是指和红尘俗世切断关系，过着禁欲的生活。中世产生了大量的隐士，他们选择遁隐的原因各不相同。有的是失去了家庭和财富因此导致厌世，有的因为所爱的亲人过世而悲恸难抚，有些人纯粹是基于信仰，渴望过着求道的生活，等等。其中，也有人是企图通过与大自然亲近的生活，提高文学素养。这些远离凡生的隐士所创作出来的文学，对于中世的文化以及当时的人心，有着深刻的影响。其代表人物有被称为漂泊诗人的西行、撰写《方丈记》的鸭长明、《徒然草》的作者吉田兼好，以及连歌师宗祇等人。

中世隐士所居住的草庵，大多是由松木、杉木或竹子搭建而成的小屋。其中多数采用类似农家般的土墙，屋顶不是覆盖茅草就是薄木板，造型显得十分简朴。而这样的草庵形态被中世的贵族引用到住宅或别墅，成为专门用来吟咏诗歌、讨论文学、余兴游乐的御茶屋。这样的风气延续到江户时代。而我所说的草庵风书院，并非直接受到中世草庵建筑风格影响，而是指撷取了御茶屋的要素而兴建的建筑物。

· 御茶屋的用途

说起御茶屋，它到底是个什么样的建筑物？在桂离宫，诸如松琴亭、月波楼或笑意轩等，都被称作御茶屋。不仅如此，位于京都东南方大和田一带的近卫家山庄，以及京都北方、地处西贺茂的一家山庄，也都有这样的建筑。至于后水尾上皇的修学院离宫，更兴建了好几栋被称为御茶屋的建筑。而且，不仅在别墅，就连后水尾上皇、明正上皇或东福门院等退位皇族居住的院御所和女院御所的庭园，以及像曼殊院或鹿苑寺这类的寺院，也都看得到御茶屋的身影；除此之外，还有许多为人熟知的御茶屋。基本上，在江户时代

17

初期，以后水尾上皇为中心的宫廷，形成了一种文化沙龙的形态；而御茶屋特别受到隶属这种文化沙龙的贵族的青睐，于是纷纷在其自家宅邸或别墅山庄兴建。

一听到御茶屋这个名称，总会令人联想：它应该是供人喝茶的建筑物吧。可是从智仁亲王遗留下来的日记里，我们可以清楚知道，在位于皇宫北方的八条宫家主宅庭院也设置了茶屋。日记还提到，除了这座茶屋之外，主宅里还有书院和数寄屋等设施。换句话说，茶屋、书院、数寄屋（即草庵风茶室）三者显然是不同的建筑物。还有一个例子可以证明，这些建筑物不仅表面的名称相异，就连实际的用途也各不相同。此例就是，一个位于西贺茂的山庄，同样除了御书院和数寄屋之外，在乘船出游的地点还兴建了一座"御茶屋"。曾经受邀至此山庄一游的鹿苑寺住持凤林承章在日记中提到，自己是在御书院与一昭良会面，然后在数寄屋品茗，最后才是到御茶屋喝点儿淡茶，在喝完茶之后，主人随即以酒款待，并开始吟咏连歌。

有关后水尾上皇退位后居住的院御所与修学院离宫的御茶屋，我们也可以从当时的日记中找到一些蛛丝马迹，借此明了它们是如何被使用的。可以肯定的是，这些御茶屋都不是被用作茶室，而且多半被当成是"举行一些连歌、和歌吟诵，或琴笙演奏、酒宴等种种娱乐活动的地方，只有亲朋好友聚会才使用"的场所。虽然主人偶尔也会在御茶屋举办品茗活动，但是喝茶绝非唯一的目的，它只不过是一连串余兴节目之一罢了。

· 御茶屋的形态

这些御茶屋究竟是什么样的建筑物？历史上留有一些关于御茶屋的资料，可供我们描绘大致样貌。根据这些资料的记载，御茶屋同样具有上述草庵风书院的七点特色，只是规模比草庵风书院来得小巧。它由二到三间榻榻米房组成，主室备有壁龛和棚。墙面有大面积的开窗和开口，形

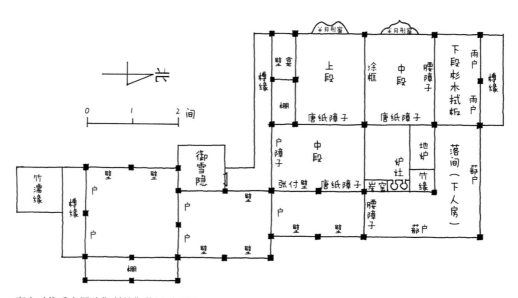

宽永时代后水尾院御所的御茶屋平面图

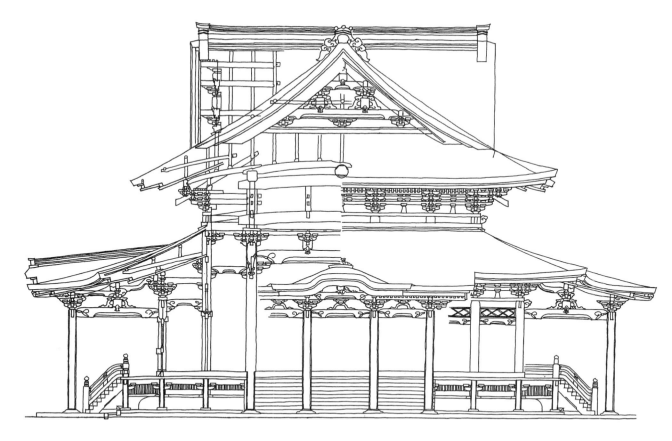

善光寺如来堂的建筑图纸

成开放的空间效果。而建筑物的外侧则环绕着土庇或竹廊。整体来说，御茶屋的空间设计和四周围着土墙的封闭式茶室，可以说各异其趣。另外，在房子入口面设置了包含地炉、炉灶、水屋在内的灶构，这也可以说是御茶屋的一大特色。综合以上所述，最典型的御茶屋建筑风格，当推桂离宫的松琴亭和月波楼。当然，并不是所有的御茶屋外形都一样，而是存在着各种不同的类型，在桂离宫的赏花亭，可以看到另一种属于岭上茶馆的简朴风格。

此外，御茶屋这个名称有时也用来代表整座别墅，而非单指个别的建筑物。例如，八条宫智仁亲王曾在日记和书信里，以"下桂茶屋"或"下桂，瓜田里轻巧的茶屋"来形容桂别墅。就连后水尾上皇的修学院离宫，从日记等资料中也可知道，是以下御茶屋、上御茶屋为单位而构成的。除此之外，将军和诸侯们为了住宿、休憩、饮酒宴客的目的设置在主要道路或领地内要冲的房舍，也叫作御茶屋。目前在日本还留有几座这样的御茶屋。

◇ 有关木作技术的部分

·设计图

如本书介绍的，兴建桂离宫御殿时，木匠工头可能只是简单地画张平面图，主要是要让业主，也就是亲王来过目。这种做法在当时来说应该是很普遍的，几乎大半的住宅都是靠这样的方法盖起来的。通常，平面图除了显示房间的配置与柱子的落点外，还会用文字标注地板的装修材料、墙壁和门窗等采用的规格形式。有时还包括窄壁、门顶窗的式样、天花板的形式或屋顶的造型等。所以只要有了平面图，应该就能大致掌握盖出来的房子是何模样。木匠师傅只要凭着这张平面图，关于各部位构件的形状、尺寸或细部处理，就能根据当时的施工标准和常识打造出整栋建筑物。

不过，像是寺院的佛殿或佛塔这类需要高超施工技术的建筑物，或者天皇御所、江户城之类比较特别的建筑，以一般的作业标准是盖不出来的。这个时候就需要各种图纸来辅助，包括立面图、断面图、鸟瞰平面图、室内展开图、各局部详图等。举凡设计图，日文都统称为绘图。但如果设计的是建筑物或属于作业现场使用的图纸，则叫作指图。另外，所谓的建地割图（或称地割图）虽然就是断面图，却不仅仅是画出断面而已，大部分还要同时画出立面图与断面图，因此有时是两者各占一半图纸，或是必要的部分将两者叠重描绘于图纸上。

这样的设计图纸究竟是从什么时候开始的？根据目前所知，最早的一幅图纸是建于奈良时代一座寺院的配置图。不过这张配置图只是简单的图纸，看起来不像是设计图。比较正式的设计图或者堪称施工图者，则是16世纪中期所绘制的一些平面图、立面图兼断面图、细部图等。尽管史料有限、不清楚的地方还很多，但大约可以推测，日本约莫是从奈良时代到室町时代之间，绘制平面图的习惯逐渐普及，并且慢慢衍生出各种比较正式的辅助图纸。

·业主的参与和模型

虽然建筑物的设计主要是木匠工头的事，可是当业主是天皇或将军级等重要人物时，他们又会参与多少呢？根据判断，在多数情况下，他们只会看看平面图、听听木匠师傅的解说，顶多偶尔指示更改部分的平面配置，或是选择其他的门窗形式、壁橱或门顶窗的样式罢了。而这些指示通常称为上方喜好。

但茶室或别墅这类小型住宅，业主的参与程度似乎提高了。他们往往不是自行设计，便是从头到尾事必躬亲。可是由于业主终究不是建筑专家，在这种情况下光是看看平面图、听听木匠师傅的说明，实在很难掌握建筑物完整的样貌。因此，工程每进行到一个阶段，业主就亲自来到现场，以便决定窗户的位置、门顶窗的设计图样、天花板的高度等。有时甚至原本已经完成的部分，还可能因为业主不满意而重做。近年来，就桂离宫修缮工程的调查发现：桂离宫御殿也是一再反复施工而诞生的产物。

后来，为了方便业主等非专业人士事先可以参与讨论，木匠工头还会利用木头或纸板制作模型。而说到木制模型，目前遗留下来的古文物中，当以奈良时代兴建的五重塔和江户时代的城郭为代表。我们在古代和中世的若干史料中，也发现有关这类模型的记录，通常称之为"样"或"木型"。大多数的木制模型尺寸约为实物的十分之一，显得格外精巧。根据判断，其用途应该不只是供业主参考，同时还有助于木匠团队彼此沟通讨论设计或施工的技术问题。至于纸模型，则多半出现在书院、茶室或城郭之类的案例中。尤其是茶室，应用得特别广泛。纸模型又叫作起绘图，是将建筑的立面及内部展开图描绘在较厚的纸上，剪下来贴在绘有平面图的厚纸板上，再组成立体的形式。有些纸模型细致到连天花板和屋顶都一应俱全。

· 木割、番付

关于建筑物平面尺寸的决定方法，在本书（见 20 页）已有说明。此外，构筑一栋建筑时从桁、垂木、鸭居等各部位构件的尺寸开始，包括地盘到走廊的高度、拉门上下框的净距、屋檐的高度、屋脊高度、屋檐凸出的尺寸、垂木与垂木的间隔、屋顶的斜度等，各式各样的局部尺寸与数值都必须加以决定。而决定以上种种尺寸间的相互比例或关系的规则（方式），即为木割。简单的规范柱间与柱子尺寸之关系的木割，似乎远从古代的日本就已经存在。至于涵盖整座建筑成为系统化准则的木割，则是从室町时代开始兴盛，并于桃山时代趋于成熟。依据木工师傅所承袭的系统之不同，可大略分为几类。至于具体的例子，限于篇幅则省略。

已加工好的构件，或是拆除下的构件，究竟该与哪个构件衔接、在建筑物的哪个位置，为了掌握构件之间的关系，必须在每个构件上标示数字或记号，以为判别之用；这样的动作就叫作番付。其目的是防止组装构件时发生错误。目前知道在 15 世纪初已出现许多番付案例，但较为简单的番付应该可以追溯到更早之前。

番付的标示法不一而足。有的采用人脸或树叶那类的具体图案，或是用三角形、双重圆等记号的合番付；也有按照由内往外或由外往内呈涡旋状排列的顺序，一一将组件标上数字或"い""ろ""は"（或片假名"イ""ロ""ハ"）的回番付；还有以 S 形状来排列数字顺序的香番付（因外形似 S 形的线香而得名）；以及分别依纵、横两个方向排序，标上数字或"い""ろ""は"（或片假名"イ""ロ""ハ"）来进行组装的组合番付等。

以桂离宫的御殿为例，其番付的手法并没有一定的规则。在古书院和中书院的柱子部分，采用的是数字型的回番付；而在新御殿方面，则是采用数字型的香番付。另外，在屋架的部分变化也很多。在古书院方面，由各列前头开始按顺序编上伊吕波；而中书院则是采用数字加伊吕波的组合番付；新御殿则是采用伊吕波编码的香番付。如此多样的番付手法，以及将柱子和屋架的构件分开标示的做法，在江户时代初期可说是十分常见，桂离宫并非特例。唯独中书院采用了以数字和伊吕波混合而成的组合番付，算是盛行于京都地区一带，具有特色而比较新的一种番付形式。

另外，在古书院壁龛的柱子上，也应用了图案式的合番付。另外古书院、中书院、新御殿各自的桁和梁的接合位置，以及各处的天花板，也都看得到合番付的图案或记号。

· 础石和柱子的光付

桂离宫的御殿因采用了表面凹凸不平的自然石为础石，因此必须在柱子的底部施以光付。而说到建筑物的础石，除了上述直接使用自然石的例子外，有的也会将自然石的表面磨平，或者制作用来承载柱子的基座（被称为柱座），或者把石头加工成方形或圆形的人工切石之类。古时候只有那些以中国式样与技术兴建的寺庙建筑，会采取摆础石再立柱的做法。其他诸如神社或住宅一类的建筑，则全都采用在地面挖洞立柱的掘立柱方式。可是到了奈良时代，部分比较特殊的住宅开始采用础石立柱，一直到了平安时代，这种做法在贵族宅邸中已经相当普遍。至于民宅部分，直到室町时代还是维持传统的掘立柱式，甚至到了江户时代，地方上仍然习惯采用这种方式来盖房子。

建筑物的础石是要采用人工切石，还是进行表面加工，或者直接使用自然石？一般来说，是根据建筑物的重要性，或是建筑物是否安装地板来判断。当然偶尔也有例外。在以自然石做础石

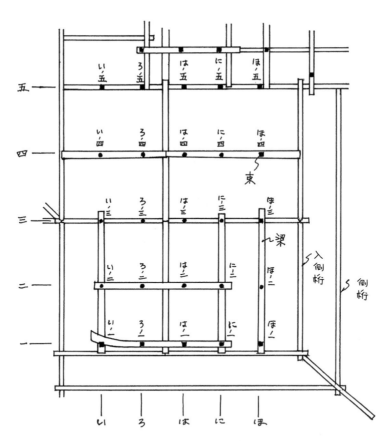

桂离宫中书院的层架番付图

的例子当中，也有一开始就先将柱子施以光付的情况。其中，年代较久远的例子便是法隆寺西院伽蓝的中门（兴建于7世纪），以及宫内厅正仓院宝库（兴建于8世纪）。

・构造与对接、榫接

和当时的住宅建筑相比，桂离宫御殿的小屋组、地板架及屋架的构造方式并无特别的不同之处。此外，桁或天井竿缘这类尺寸较长的构件中，用来接续的继手[1]，以及将柱子或桁等构件组合在一起的仕口[2]，也和一般建筑物没什么不同。比较特殊的地方就是本书曾经提及的：在古书院的鸭居上方并没有架设内法贯，而是改将鸭居的两端制作成榫头，借以固定在两旁的柱子上。这种以鸭居为结构材来取代内法贯的做法，在当时倒是十分罕见。同样的手法也出现在新御殿的外围、乐器之间、笑意轩等建筑上。

本书也曾经提到，中书院和新御殿均采用杉木的面皮材和圆木材来装饰。这类的含芯材开始使用在贵族住宅，是江户时代以后的事了。因此，

---

1 将两根木材予以同方向对接。
2 将两根木材一凿榫眼一作榫头组接在一起。

中书院可以说是创风气之先。至于含芯材的割背技法究竟始于何时，目前为止一直没有定论，大家只是笼统地推测可能起源于江户时代后期。然而根据近年来对桂离宫整修工程的调查，这才发现中书院的几根特定柱子、新御殿的所有柱子都做过割背处理。由此可知，在兴建桂离宫的那个时代，割背技法经历了成立与发展的过程。这可说是一个重大的发现。

除此之外，新御殿利用楔子来调整木头面皮宽度的做法，以及在敷居处锯出锯纹，或是在柱子的面皮部位钉上一整排钉子，在钉子上缠绕麻的纤维或稻梗的散仕舞手法，都与过去一般熟知的施工技法不同。这想必是从贵族宅邸开始流行使用面皮材和圆木材之后才发明出来的新技术吧。

·上色

本书曾经提到，不分古书院、中书院或新御殿，凡是用到木头建材的部分，包括柱子、鸭居或天花板等，一律漆成黑色。至于它的目的，本书也有相关说明。此外，松琴亭和月波楼这些御茶屋，也做了同样的上色处理。

至于这种着色技巧何时形成，虽然无法确知，但是从一些具体的例子来看，例如天正十五年（1587）千利休的聚乐屋敷中有一座名为"色付九间之书院"的建筑物。另外，根据自安土桃山时代生活至江户时代初期的大名，同时也是茶人的古田织部的秘传之书记载："凡数奇（寄）屋一律上色，切勿做成白木头（木头剥掉表皮未涂漆的状态）的形式。"同样也是大名出身兼茶道专家，但年代比织部晚了二十年左右的细川三斋，

也在他的秘传之书中转述了千利休的话："无论小型座敷（茶室）还是日常座敷（榻榻米房），凡漆成深色者皆为下品。"从以上的事例可以知道，在千利休的年代，无论是茶室还是生活用的住宅，着色已经成为很普遍的现象。因此，为木材上色恐怕不是从这个时候开始的，应该是在更早之前人们为了防腐和防虫的目的，将煤灰等涂在房子的木头而发展出来的。到了千利休的年代，人们才意识到上色的技巧，而成为将茶室或仁宅塑造成草庵风格的手法。

除了桂离宫之外，现存的传统日本建筑中，同样以草庵风格为设计宗旨，同时给建材上色的还有曼殊院小书院［兴建于明历二年（1656）］、西本愿寺黑书院［兴建于明历三年（1657）］、旧一条家西贺茂山庄御茶屋［兴建于正保年间（1644—1648）］、伏见稻荷大社御茶屋［沿袭自后水尾院御所御茶屋，兴建于宽永年间（1624—1644）］、妙喜庵茶室待庵［兴建于天正年间（1573—1592）］和大德寺龙光院茶室密庵（兴建于宽永年间），等等。大抵来说，无论是现存的建筑物还是史料均曾记载，凡是草庵风书院、御茶屋、茶室这类的建筑物，普遍都上色。相较之下，正式场合的书院就不上色了。

根据推测，桂离宫的御殿与御茶屋所使用的颜料乃是由松烟加上少量的铁丹和黄土，再溶入苏籽油调制而成的。这种做法在京都附近一带的许多民宅几乎都看得到。除此之外，还有使用透明漆或柿涩来为柱子一类的木材上色，这也是为人所熟知的方法。

123

后记之一

穗积和夫

因为工作的关系，我每周都要搭新干线往返京都，而且平均一星期就有两天一个人待在京都。我所住的公寓距离桂离宫不远，所以有时候我会在早起后出门散步一两个小时，顺便沿着桂离宫绕上一圈。

记得生平头一次参观桂离宫，是在念书的时候。而今为了本书搜集资料，特别在整修工程完成之前，重新造访内部的陈设。在这个过程中我一直思忖着，究竟该如何表现桂离宫的建筑群，当然也包括庭园景观在内，才能呈现我对桂地的想象呢？

有关桂离宫的图纸或照片已经多得不胜枚举，最重要的是，建筑物本身还存在，但这个原本以为很轻松的工作，在实际开始进行之后，才发现根本不是这么一回事。想要利用绘画来表现这座堪称日本建筑极致的建筑物，实在不是一件容易的事。

尽管我重画了好几遍，结果不是无法正确地表现它的结构，就是很多地方还有谬误，因此带给斋藤先生不少困扰。多亏他秉持着耐心，一次又一次地指正我，既没有放弃也没有大动肝火，这才能有今日的成果。担任插画工作的辛劳其实就不用说了，我觉得负责监修的人，其工作才是更为吃重。

老实说，以我本人的才疏学浅，这项工作并不容易。正因为如此，反而使得作品完成后的喜悦更加甜美。至于从读者的眼光来看，这样的作品能否超过单纯的辛苦劳作，我不是很有把握，希望各位不吝批评与指教。

后记之二

斋藤英俊

桂离宫御殿建筑群的大整修，从 1976 年开始一直到 1982 年为止，总共花费了六年的时间。当时，报纸等媒体将它称作"昭和大修理"。这次的整修工程距离桂离宫动工的年代，约有三百五十年之久。在这段漫长的岁月里，虽然也曾经进行过几次小规模的翻修，但如此大动作的彻底整建还是头一遭，因而引来大众的瞩目。

当时，我以古迹修复专家的身份参与了这项工程，并且实际负责工程的设计管理与技术指导等工作。除此之外，维修工程进行期间，也同步展开调查工作，目的是为了了解相关的施工技法、材料构件的年代，以及改造过的痕迹。因为如果没有将建筑物解本是研究不出这些资料的。这项调查就学术角度来说，可以算是意义重大，但同时判断于维修时的补强、尺寸的调整、花样的变更、材料的取代等，这样的工作也是必要的。

调查工作不仅止于判断柱子或桁上的卡榫是否是最初的产物，就连轻微的风蚀痕迹或是小小的刮痕，乃至于一个钉子所留下的洞，都必须滴水不漏地观察，反复推敲它所代表的意义。每天的工作，可以说都是不断针对拆解后的数千个构件，一一进行仔细的调查记录。在这本书中，有关御殿的营造过程与技法的解说，很多来自这些调查工作的结果。

像桂离宫这样的建筑物，由于它的材料构件分得很细，细部又格外错综复杂，想要将它画成图像实在不是很容易的事。可是，穗积和夫先生却能把我提出的无理要求，利用适当的构图方式，转化成人人易懂的插画。另外，负责编辑的平山礼子小姐对于我老是赶不上进度的状况，也总是给予包容甚至是鼓励，同时她也在文章和插图的安排及内容方面，提供了许多宝贵的建议。因此，本书的诞生必须归功于上述两位专业的协助，本人谨在此致上感谢之意。

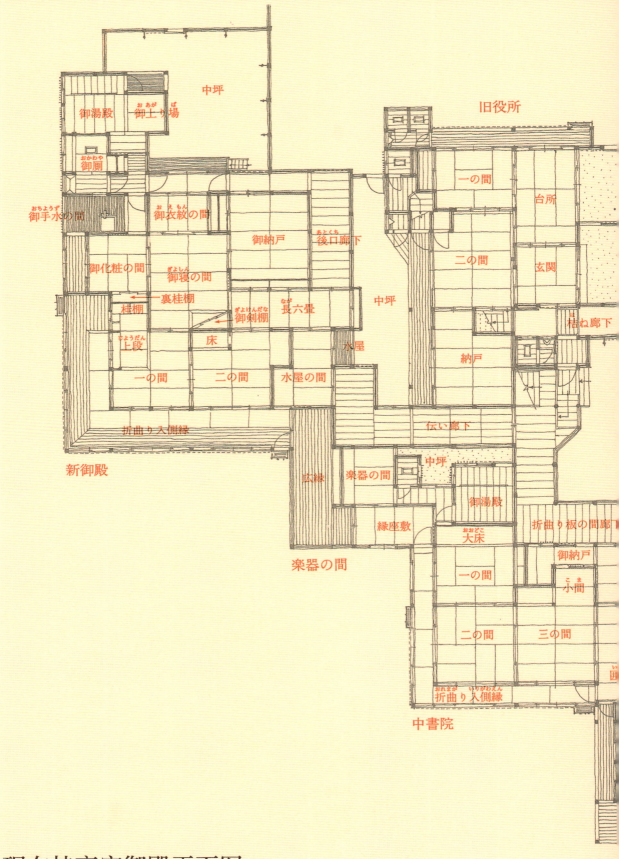

現在桂離宮御殿平面図

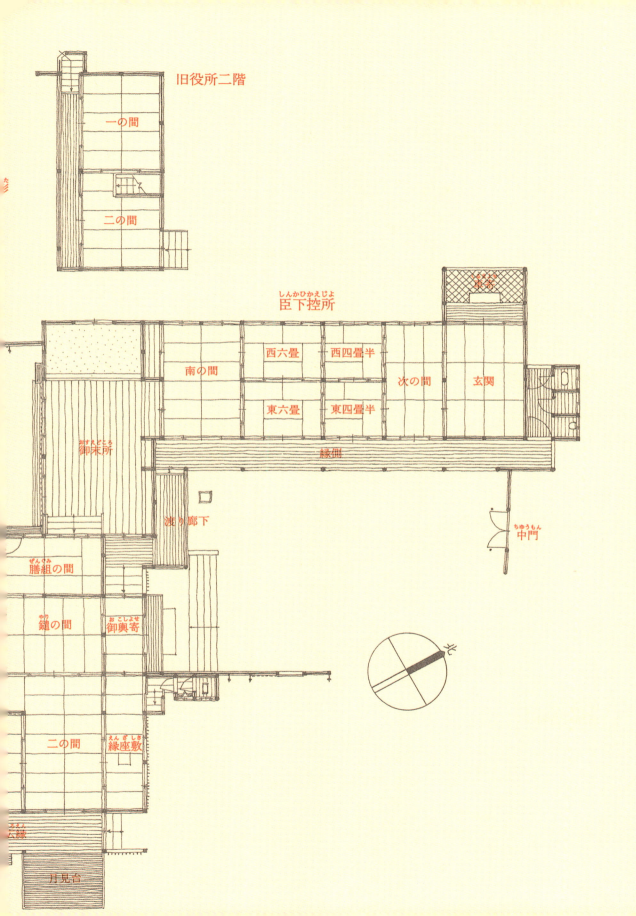